T0135854

PSEUDO-ARISTOTE

PROBLÈMES MÉCANIQUES
DES LIGNES INSÉCABLES

CORPUS ARISTOTÉLICIEN

traduit et commenté par Michel Federspiel

Plan de la série

PSEUDO-ARISTOTE

PROBLÈMES MÉCANIQUES
DES LIGNES INSÉCABLES

Texte introduit, traduit et commenté
par
MICHEL FEDERSPIEL

mis à jour
par
MICHELINE DECORPS-FOULQUIER

Préface d'Aude Cohen-Skalli

PARIS

LES BELLES LETTRES

2017

© 2017, Société d'édition Les Belles Lettres,
95, bd Raspail, 75006 Paris.
www.lesbelleslettres.com

ISBN : 978-2-251-44652-3

PRÉFACE

À propos du corpus aristotélicien

Dans un passage célèbre de sa biographie d'Aristote, Diogène Laërce donne un catalogue des écrits du philosophe qui recense plus de cent cinquante titres[1]. Bien entendu, cette liste ne reflète pas exactement la liste des textes aristotéliciens telle que nous la connaissons. Elle donne cependant une idée des œuvres que les Anciens attribuaient au maître, et une vue d'ensemble de sa production, dont on ne conserverait que le tiers. De surcroît, même parmi les œuvres qui nous sont parvenues et forment aujourd'hui un « corpus », toutes en réalité ne sont pas d'Aristote : de nombreux traités sont considérés comme inauthentiques par les modernes. À la différence du corpus d'autres philosophes, celui d'Aristote est en effet resté ouvert, rendu plus fluide encore par la tradition. Il y a à cela différentes raisons.

Par rapport aux écoles stoïciennes et épicuriennes, l'importance et l'autorité de la figure du maître ont joué dans le cas d'Aristote un rôle moteur dans la diffusion de sa doctrine et de ses écrits. La façon même de travailler au sein du Lycée, l'école qu'il avait fondée, invitait à étoffer et à approfondir sa pensée : de son vivant déjà, le texte du maître n'était pas conçu comme figé ou immuable. Alors que ses œuvres « exotériques »,

---

1. *Vies et doctrines des philosophes illustres*, V, 22-27.

destinées à la publication, nous sont parvenues sous forme fragmentaire, son œuvre « ésotérique », réservée à ses étudiants, est précisément celle qu'on a conservée en partie. Celle-ci consistait notamment en des notes de cours ; certains textes appelaient des compléments et des réélaborations : il ne s'agissait donc pas de textes définitifs. Si le maître avait donné ou dicté une leçon proposant l'analyse de la constitution d'une cité, sans doute était-il bon qu'un disciple s'exerçât à rédiger sur le même modèle un traité sur une autre constitution connue. Certains élèves le faisaient tant et si bien qu'il est parfois impossible pour les modernes de distinguer réellement le travail d'Aristote de celui du disciple, de la même façon qu'il peut être difficile de discerner dans un tableau ce qui est de la main du Titien de ce qui vient du meilleur de ses élèves. Ses œuvres connurent ainsi le même destin que certains textes du corpus médical, par exemple, où ce furent précisément l'utilisation du texte, son amélioration, sa mise à jour, qui furent sources d'interventions et de falsifications.

À l'époque hellénistique, les livres qui avaient formé la bibliothèque d'Aristote ont suivi un parcours compliqué, qui a joué un rôle dans la formation du corpus. Si l'histoire de la conservation de ces livres tient aussi de la légende, elle coïncide avec le regain d'intérêt pour Aristote à partir de la fin de la République romaine. Strabon rapporte que Théophraste, successeur d'Aristote à la tête du Lycée, avait hérité des livres du maître[2]. À sa mort, ils furent légués à Nélée, qui les fit transporter à Skepsis, en Asie mineure. Ses héritiers les entreposèrent dans une cave, où ils furent mangés par les vers et par l'humidité. Ce n'est qu'au Ier siècle avant J.-C. que ces livres furent redécouverts et réparés ; ils passèrent à Athènes, puis Sylla les fit transférer à Rome, où Andronicos de Rhodes édita les œuvres du philosophe. C'est à la même époque qu'on observe chez les Anciens un retour à Aristote sous la forme de références directes à ses idées et à ses écrits. Andronicos aurait en quelque sorte ramené Aristote à la vie.

---

2. *Géographie*, XIII, 1, 54.

Au cours des siècles suivants, les Anciens ne furent pas
insensibles aux questions d'authenticité : ainsi le philosophe
péripatéticien Alexandre d'Aphrodise (IIe s.) s'interroge sur le
premier livre de la *Métaphysique*, comme l'indique dans un
manuscrit une annotation marginale signalant qu'il attribue ce
livre à Aristote lui-même. Le médecin Galien s'attache lui aussi
à ces questions, quand il consulte les catalogues de la bibliothèque d'Alexandrie. Dans son traité *Ne pas se chagriner*, il fait
ainsi la distinction entre les ouvrages authentiques et les faux
parmi les œuvres anciennes qu'il a retrouvées dans les biblio-
thèques de Rome[3]. Il redécouvre ainsi un Théophraste, qu'il
juge authentique (mais qui disparut de nouveau dans l'incendie
de ses livres).

Par la suite, jusque dans le Moyen Âge latin et le monde
arabe, nombre de philosophes et de savants ont continué pendant
des siècles à se réclamer de l'enseignement d'Aristote, dans les
domaines multiples qu'abordait son système. Cette postérité a
contribué à rendre la transmission de ses textes dynamique :
Aristote a été abondamment lu et copié, et a bénéficié d'un
très grand nombre d'exégètes, comme le savant arabe Averroès
(XIIe s.). Les commentateurs ont interprété ses écrits, approfondi
sa lecture, en expliquant Aristote par leurs propres réflexions et
par le recours à d'autres sources. Dans ce système compliqué
qui mêlait le texte à son exégèse, et où les traités du philosophe
pouvaient être copiés à côté d'autres œuvres dans un même
manuscrit, il n'était sans doute pas facile de faire réellement la
part de ce qui était d'Aristote et de ce qui ne l'était pas. Mais
c'est là sans doute une question essentiellement moderne, que
le lecteur du Moyen Âge ne se posait pas.

La quête systématique du « vrai » Aristote remonte à la
Renaissance, et se développa surtout au XIXe siècle, sous l'effet
du positivisme. Les savants mirent alors tous leurs efforts à
identifier les auteurs de l'un ou de l'autre traité attribué à tort à
Aristote. Ces tentatives n'ont pas toujours abouti à des résultats

---

3. *Ne pas se chagriner*, 15-17.

avérés, et l'on a coutume depuis lors de désigner comme autant de Pseudo-Aristote les auteurs qui ont rédigé les traités transmis comme étant d'Aristote. C'est à eux qu'est attribuée une grande partie des traités étudiés par Michel Federspiel dans la série que nous présentons. On les identifie essentiellement à des membres de l'école péripatéticienne, comme Théophraste ou Straton de Lampsaque, successeurs du philosophe à la tête du Lycée.

Mais les critères d'identification ont eux aussi évolué, et ont pu faire l'objet de discussions passionnées. C'est le cas du *De mundo* : son inauthenticité, admise par la majorité des savants, a été remise en question en 1974 de façon polémique par Giovanni Reale pour qui, « jusqu'à preuve du contraire », la thèse de l'authenticité, qu'il considère déjà comme largement vérifiée, est la plus satisfaisante et donc la plus crédible[4]. Cette thèse n'est plus acceptée aujourd'hui par la plupart des spécialistes : nous suivons donc la perspective traditionnelle qui en fait un traité pseudo-aristotélicien. Mais c'est là aussi affaire d'école, d'époque, de pensée. Quoi qu'il en soit, le lecteur qui s'intéresse de nos jours à Aristote ne saurait mettre de côté cette partie du corpus : si l'on ne peut toujours identifier avec certitude les auteurs de ces traités, ce qu'ils nous transmettent appartient pleinement à la « tradition » aristotélicienne.

La série des cinq volumes qui s'ouvre avec le *De caelo* trouve avant tout son unité dans la figure du savant qui en a réuni la matière, Michel Federspiel (1941-2013)[5]. Traducteur de textes scientifiques et techniques, et spécialiste de la langue des mathématiques grecques, il enseigna à la Faculté des Lettres de l'Université de Clermont-Ferrand durant toute sa carrière (1966-2002). C'est au début des années 1970 qu'il conçut le

---

4. G. REALE et A.P. BOS, *Il trattato sul cosmo per Alessandro attribuito ad Aristotele*, 2ᵉ éd., Milan 1995, p. 9-10.

5. Cf. la notice nécrologique de M. DECORPS-FOULQUIER, « *In memoriam*. Michel Federspiel (1941-2013) », *Les Études Classiques*, 82 (2014), p. 227-228.

projet de traduire et commenter les onze traités présentés ici[6], un projet qui couvre plus du dixième du corpus aristotélicien et qu'il poursuivit jusqu'à sa mort. Hormis le long *De caelo*, édité dans la *Collection des Universités de France*, et que l'on considère aujourd'hui comme authentique, tous les autres petits traités sont des « opuscules » qui ne sont plus attribués à Aristote[7], et qui pour la plupart n'ont pas été traduits en français. Le travail publié ici vient donc combler une lacune en donnant pour la première fois au lecteur français une traduction commentée de ces textes.

Durant ces quarante années de travail, les recherches de Michel Federspiel furent ponctuées de plusieurs études préparatoires sur le corpus d'Aristote. C'est peut-être avant tout l'opuscule *De lineis insecabilibus* qui attira l'attention du spécialiste des textes techniques qu'il était. Un article fondamental, publié en 1981, posait les jalons de ce qui devait aboutir dans la traduction commentée présentée ici : il offrait un aperçu de l'histoire du texte et quelques éléments de critique textuelle, prolégomènes à une nouvelle édition. En 1992, il fut amené à interpréter certains passages du *De caelo*, sous la forme d'études d'histoire des sciences (expliquant la loi aristotélicienne du mouvement des projectiles), ou de linguistique (sur un système de notation que l'on trouve dans les textes mathématiques antérieurs à Euclide). D'autres recherches sur ces opuscules suivirent, qui élargissaient parfois le champ à d'autres textes que Michel Federspiel avait abordés en étudiant Aristote, comme en 2003 le traité *De ventis* de Théophraste[8]. Dans toute son œuvre se dessine une constante :

---

6. Les titres sont les suivants : *De caelo, De lineis insecabilibus, Mechanica, De mundo, De ventis, De plantis, De audibilibus, De coloribus, De spiritu, Physiognomonica, Mirabilia.*

7. Le seul traité à susciter encore quelque débat est le *De mundo*, cf. *supra* : A.P. Bos suit la position de G. Reale.

8. Les articles de Michel Federspiel évoqués sont les suivants : « Notes exégétiques et critiques sur le traité pseudo-aristotélicien *Des lignes insécables* », *Revue des Études Grecques*, 94 (1981), p. 502-513 ; « Sur le mouvement des projectiles (Aristote, *Du ciel*, 288a22) », *Revue des Études anciennes*, 94 (1992), p. 337-345 ; « Sur la locution ἐφ'ᾧ servant

Michel Federspiel fut un savant réellement novateur, qui ouvrit des pistes de recherches dans le domaine de la langue mathématique grecque jusque là méconnues des hellénistes et des historiens des sciences, et réintroduisit dans le champ des études littéraires l'exploration des corpus techniques et scientifiques que nous a transmis l'Antiquité grecque. Son apport est en cela fondateur.

Les deux traités pseudo-aristotéliciens traduits et commentés dans le présent volume intéresseront les historiens de la philosophie et des mathématiques. L'ouvrage des *Problèmes mécaniques* est un traité de mécanique théorique : il n'a pas pour but la construction de machines, mais explore sous forme de questions les principes mathématiques susceptibles de rendre compte des dispositifs que le génie humain met en place pour mouvoir, sous l'action d'une faible force, des masses parfois considérables. Quantité d'observations concrètes empruntées au monde des artisans et des marins font ainsi l'objet d'un questionnement théorique, qui place le levier et les propriétés du cercle au centre des explications. Le traité *Des lignes insécables* se propose quant à lui de réfuter point par point les arguments mis en avant par les partisans de la théorie des lignes insécables, sans doute forgée par les disciples de Platon pour échapper aux conséquences de la divisibilité illimitée des grandeurs.

Cette entreprise n'aurait pas vu le jour sans la générosité d'Hélène Federspiel, qui a souhaité que l'œuvre de son mari paraisse dans cette collection, et celle de Micheline Decorps-Foulquier, qui nous a transmis nombre de documents provenant des archives

---

à désigner des êtres géométriques par des lettres », dans J.-Y. Guillaumin (éd.), *Mathématiques dans l'Antiquité* (Mémoires du Centre Jean-Palerne, 11), Saint-Étienne 1992, p. 9-25 ; « Le soleil comme *movens repellens* dans le *De ventis* de Théophraste et la double antipéristase », dans Chr. Cusset (éd.), *La Météorologie dans l'Antiquité, entre science et croyance*, Saint-Étienne 2003, p. 417-436.

de son maître et a révisé le volume de textes mathématiques. Elle n'aurait pu aboutir sans la précieuse collaboration, à différents niveaux, de spécialistes, disciples du savant ou proches de ses écrits, Jean-Yves Guillaumin, Victor Gysembergh, Jean-Pierre Levet, Didier Marcotte, Marwan Rashed, et Arnaud Zucker.

Aude Cohen-Skalli

NOTE À L'ATTENTION DU LECTEUR

Le lecteur de *La Roue à Livres* trouvera une série de volumes plus érudite que de coutume : le commentaire donne souvent les textes en grec, et le traducteur intervient parfois sur le texte de référence, concevant son travail à mi-chemin entre une traduction annotée et une véritable édition critique. Autre différence, mineure : à l'exclusion des *Mirabilia*, le commentaire n'est pas donné sous la forme de « notes » à proprement parler, signalées dans la traduction par des appels de notes. Il l'est sous la forme d'un commentaire linéaire, qui suit la division traditionnelle du texte (la numérotation Bekker[1]). Le lecteur ne s'en effraiera pas : si le travail conçu par Michel Federspiel a été respecté, il est donné ici avec tous les outils nécessaires, car le grec est systématiquement traduit et les articulations du texte sont très nettement scandées dans la traduction.

Le travail de Michel Federspiel a été suivi aussi fidèlement que possible, quand bien même les réviseurs n'ont pu dialoguer avec celui-ci sur des questions qu'ils auraient aimé lui poser. La bibliographie complémentaire et les index ont été dressés par les réviseurs. Les additions ainsi que les notes figurant entre crochets doubles sont dues également aux réviseurs.

---

1. Sur le modèle 391a1 : dans l'édition Bekker (1831), page 391, colonne de gauche (a), première ligne.

INTRODUCTION AUX TRAITÉS

PARTIE I
PROBLÈMES MÉCANIQUES

I. Les *Problèmes mécaniques*[1]
et la littérature technique de l'Antiquité

À l'époque classique, les Grecs n'ont pas compté la mécanique parmi les disciplines scientifiques majeures constituées en Grèce dès le Vᵉ siècle av. J.-C.[2]. En effet, l'arithmétique, la géométrie, l'astronomie et la musique théorique ont été très tôt associées[3] dans une liste devenue canonique pour former

---

1. J. Bertier a consacré une notice à ce traité : BERTIER 2003b.

2. Dans une perspective beaucoup plus générale, sur la lente formation du cycle des sept arts libéraux, on consultera HADOT 1984.

3. Au moins depuis Archytas (Archytas, fr. 47 B 1 D.-K.). Voir les commentaires de HUFFMAN 2005. Proclus (FRIEDLEIN 1873, p. 38,1) présente cette quadripartition des sciences comme pythagoricienne. – Voir par exemple MERLAN 1953, p. 78-85 (*The Origin of the Quadrivium*) ; ou encore les notices réunies dans PIZZANI 2002 sous le titre de *Quadrivio*. Dans le même recueil, on lira une présentation de la mécanique

ce qui a été appelé beaucoup plus tard en latin le *quadrivium*[4]. L'exclusion du canon scientifique de disciplines aussi importantes que la mécanique[5], l'optique ou même la médecine pourrait s'expliquer par le fait qu'il s'agissait d'*artes* techniques, dont l'enseignement ne faisait pas partie de l'enseignement scientifique libéral dispensé aux étudiants ; on a pensé que les raisons seraient peut-être à chercher dans le statut assigné aux techniques et aux techniciens dans la société grecque classique et préclassique[6]. En revanche, à l'époque romaine, un auteur d'obé-

---

antique dans FLEURY 2002, et une présentation de la pneumatique dans GUILLAUMIN 2002.

4. Il s'agit de Boèce, qui a employé la forme ancienne *quadruvium* dans son *Institution arithmétique*, I, 1, 7 : *Hoc igitur illud quadruvium est quo his viandum sit quibus excellentior animus a nobiscum procreatis sensibus ad intelligentiae certiora perducitur* « Voilà ce qu'est la quadruple voie par laquelle doivent cheminer ceux dont l'esprit supérieur se laisse conduire des sens qui sont créés avec nous aux certitudes plus hautes de l'intelligence » (GUILLAUMIN 2005). Voir la section sur le *quadrivium* dans l'*Introduction* de l'édition précitée, LII-LVI, et l'article VITRAC 2005.

5. En revanche, dans les *Analytiques seconds* (I, 9, 76a24 ; 13, 78b35), Aristote considère la mécanique comme une science (de même aussi que l'optique) qu'il situe par rapport à la géométrie. La mécanique porte sur des faits relevant de l'observation empirique, dont la cause est expliquée par les mathématiques, c'est-à-dire la géométrie. La théorie d'Aristote sur la place de la mécanique parmi les sciences est étudiée de façon détaillée dans SCHNEIDER 1989.

6. Voir Platon, *République*, VII, 522b, où les arts (τέχναι) sont écartés de l'éducation des élites en tant que βάναυσοι « faits pour les artisans ». Toujours dans le Livre VII, 522c et suiv., Platon prône l'enseignement des disciplines du *quadrivium*, c'est-à-dire de l'arithmétique, de la géométrie, de l'astronomie (appuyée sur la géométrie dans l'espace) et de la musique en tant que science de l'harmonie. Il faut citer aussi un fameux passage du *Gorgias* (512b-c), qui tout à la fois reconnaît l'importance pratique de la mécanique et place le mécanicien à un rang social très médiocre : « C'est pourquoi le pilote n'a pas coutume de se vanter de son art, qui pourtant nous sauve ; ni non plus le mécanicien, à qui il arrive de nous rendre des services essentiels autant que le général, et pas seulement que

dience stoïcienne comme Géminus[7] (peut-être du Ier s. av. J.-C., ce qui en ferait un contemporain de l'architecte et mécanicien latin Vitruve[8]) range la mécanique dans la branche des sciences qui se rapportent au sensible, en compagnie de l'astronomie, de l'optique, de la géodésie, de la canonique (musique théorique) et de la logistique (le calcul pratique), et cite les contributions d'Archimède et des mécaniciens Ctésibius et Héron[9]. Plus tard, le philosophie Anatolius[10] (IIIe s. ap. J.-C.) donne la même liste, qu'il a probablement empruntée à Géminus[11]. Enfin, dans le domaine latin, à des époques très tardives, quelques listes mentionnant la mécanique parmi d'autres branches du savoir nous ont été conservées ; elles proviennent de Jérôme, Cassiodore et Isidore[12].

En la matière, comme en d'autres, il ne faut donc pas considérer l'Antiquité comme un tout. Mais, même à l'époque classique, il serait erroné de minimiser l'importance concrète de

---

le pilote, ou que n'importe qui d'autre, puisqu'il sauve parfois des villes entières… Et pourtant, Calliclès, s'il voulait, comme vous, se vanter de son art, il pourrait vous accabler de raisons, vous exhorter à vous faire mécaniciens, le reste ne valant rien ; et il aurait de quoi dire. Néanmoins, tu le méprises, lui et son art, quand tu le traites de mécanicien, c'est une injure, et tu ne voudrais pas donner ta fille à son fils, ni épouser sa fille. »
– Avec le même état d'esprit, Plutarque, *Vie de Marcellus*, 14, 6-14, prétend qu'Archimède méprisait la mécanique et ne s'y était adonné que sur les instances du roi Hiéron de Syracuse. Mais rien ne nous oblige à croire Plutarque.

7. Son témoignage a été recueilli par Proclus (FRIEDLEIN 1873, p. 38 et suiv.), et édité de nouveau (avec traduction et notes) dans AUJAC 1975, p. 114-117. – Sur Géminus, voir TODD 2000.

8. Sur la place de la mécanique chez Vitruve, voir FLEURY 1993, p. 22-24.

9. Si Géminus est bien du Ier siècle av. J.-C., il n'a probablement pas connu Héron, dont le nom a pu être rajouté par Proclus lui-même.

10. Sur Anatolius (ou, plus probablement, les Anatolius), voir la notice GOULET 1994.

11. Des extraits d'Anatolius ont été recueillis dans les *Variae collectiones* qui font suite aux *Definitiones* d'Héron d'Alexandrie dans HEIBERG 1912, p. 164.

12. Sur ces témoignages, on consultera GUILLAUMIN 2005.

la mécanique, au sens ancien de science et construction des machines[13], au sein de la civilisation grecque. Les réalisations techniques des Grecs suffisent à le montrer. Quant aux ouvrages modernes consacrés aux machines ou à l'art de l'ingénieur dans l'Antiquité, sans même parler des techniques en général[14], ils montrent plus ou moins expressément que l'esprit technique est omniprésent dans les civilisations de l'Antiquité classique[15]. En d'autres termes, il ne faut pas généraliser à l'ensemble de la société les opinions émises par des philosophes comme Platon ou Aristote.

Dans la littérature technique de l'Antiquité, les *Problèmes mécaniques* occupent une place à part. Le genre du traité est très difficile à définir, car les distinctions qu'on a mis si longtemps à établir jusqu'à l'époque moderne ne sont pas faites dans ce traité, comme la distinction entre la statique et la dynamique, ou entre la force et le travail. D'autre part, contrairement aux ouvrages d'auteurs célèbres comme Philon de Byzance (seconde moitié du IIIe s. av. J.-C.) ou Héron d'Alexandrie (seconde moitié du Ier s. ap. J.-C. ?[16])[17], le traité pseudo-aristotélicien n'a pas pour but la construction de machines ; il ne s'agit pas

---

13. GILLE 1980, p. 170 et suiv., a montré l'inanité de certains préjugés modernes dans ce domaine.

14. La technique, au sens ancien du terme *technè* (latin *ars*), couvre un champ beaucoup plus vaste que le même mot moderne.

15. Parmi les ouvrages les plus récents, on peut citer SPRAGUE DE CAMP 1960 (qui contient un chapitre sur les ingénieurs grecs) ; DRACHMANN 1963a ; MARSDEN 1969 ; LANDELS 1978 ; GILLE 1980 ; HILL 1984 ; SCHÜRMANN 1991 ; SCHNEIDER 1992 ; MEISSNER 2005 (synthèse commode) ; OLESON 2007 (la troisième partie : « Engineering and Complex Machines ») ; CUOMO 2007 (où il est fait un large usage des sources épigraphiques et archéologiques).

16. KEYSER 1988 ; ASPER 2001.

17. Il n'entre pas dans le cadre de cette *Introduction* de parler de tous les auteurs de traités de mécanique, ni de tous les thèmes mécaniques abordés par les Anciens. On se reportera par exemple aux ouvrages mentionnés dans les notes précédentes, auxquels on ajoutera les recueils de textes HUMPHREY-OLESON-SHERWOOD 1998 et IRBY

de mécanique appliquée, c'est-à-dire de technologie, mais de mécanique théorique, qui décrit le fonctionnement des instruments ou dispositifs en usage à l'époque. Mais l'expression de « mécanique théorique » ne doit pas induire en erreur, car il ne s'agit pas non plus de mécanique au sens moderne du terme, c'est-à-dire de cinématique, de statique ou de dynamique, même si l'on y rencontre des thèmes qui relèvent de ces trois disciplines, mais mêlées[18]. Au total, son caractère est si particulier dans la littérature spécialisée de l'Antiquité que l'auteur des *Problèmes mécaniques* est rarement compté parmi les « mécaniciens grecs » dans les ouvrages des historiens modernes.

Mais on n'en conclura pas que le traité est resté isolé. Il est d'autres ouvrages qui, comme les *Problèmes mécaniques*, sont en tout ou en partie consacrés à la théorie et aux applications du levier. Ils sont tous postérieurs à notre traité et la plupart, au jugement d'un certain nombre d'interprètes, témoignent de son influence, directe ou indirecte[19]. C'est ce groupe de traités, qui forment un *corpus* de « mécanique restreinte »[20], que je vais présenter brièvement.

MASSIE-KEYSER 2002. Ces deux ouvrages sont pourvus de substantielles bibliographies.

18. Par exemple, les recherches menées sur le levier et la balance, qui sont de nature statique, sont faites sous un angle dynamique.

19. Sauf le traité *De l'équilibre des figures planes* d'Archimède, qu'il faut mettre à part. D'autre part, on doit reconnaître l'influence considérable d'Archimède sur le *Traité de mécanique* d'Héron et sur la mécanique de Pappus, au point qu'un auteur comme G. Micheli (MICHELI 1995) en arrive à penser que ni Philon, ni Héron ne connaissaient les *Problèmes mécaniques* (p. 86-98).

20. L'expression est dans FERRARI 1984 (sur la « mécanique restreinte », voir p. 49 et suiv.). Mais, comme on le voit par son titre, le propos de l'article de Ferrari n'est pas d'étudier en détail les *Problèmes mécaniques* et leur descendance.

II. Les ouvrages de « mécanique restreinte »[21]

Malgré l'unité que leur confère le développement du thème du levier, il s'agit d'un groupe d'ouvrages hétérogènes. Même les deux traités théoriques, les *Problèmes mécaniques* et le traité archimédien *De l'équilibre des figures planes*, relèvent de conceptions parfaitement étrangères l'une à l'autre.

a) De Philon de Byzance nous sont parvenus, en grec ou en arabe, plusieurs traités qui devaient faire partie d'un même ouvrage intitulé *Traité de mécanique* (Σύνταξις μηχανική)[22]. De la section qui nous intéresse ici ne reste que le titre, mais, en combinant divers indices, G.A. Ferrari a pu en donner une présentation vraisemblable[23], ici résumée. Il s'agit du Livre II du *Traité de mécanique*, intitulé *Problèmes relatifs au levier* (Μοχλικά). Philon est d'une époque intermédiaire entre celle de l'auteur des *Problèmes mécaniques* et celle d'Héron d'Alexandrie (mais beaucoup plus proche du premier que du second). Or, en matière de mécanique, comme aussi de pneumatique, Héron avoue à diverses reprises sa dette à l'égard des « Anciens », dans lesquels il faut nécessairement compter Philon. D'autre part, on retrouve chez Héron une bonne partie de la thématique de nos *Problèmes mécaniques*[24] ; mais, Philon étant un contemporain plus âgé qu'Archimède, le matériel archimédien qu'on trouve chez Héron était forcément absent de son ouvrage. Le contenu du traité du levier de Philon

---

21. Je me suis borné aux ouvrages composés en grec. Pour l'architecte et mécanicien romain Vitruve, dont le Livre X est consacré à la mécanique, et qui s'inspire étroitement des *Problèmes mécaniques*, voir le livre cité plus haut FLEURY 1993. Du même auteur, on pourra consulter une présentation de la mécanique romaine (FLEURY 1996) et la synthèse FLEURY 2005.

22. Pour la liste et une présentation commode des neuf Livres, conservés ou perdus, qui composaient ce traité, on pourra consulter FERRARI 1984, p. 242 et suiv.

23. FERRARI 1984, p. 249-251.

24. Voir la section consacrée au *Traité de mécanique* d'Héron dans DRACHMANN 1963a, p. 19-140.

ne pouvait donc pas être très éloigné de celui des *Problèmes mécaniques* ; notamment, il devait comporter au moins des considérations sur la théorie du levier, sa réduction aux propriétés de la balance, elles-mêmes ramenées aux propriétés du cercle[25], puis le traitement des quatre autres machines simples que sont le treuil, la poulie, le coin et la vis sans fin. Il est probable aussi, si l'on se réfère à un passage de son *Traité de la construction des armes de jet*[26], que Philon avait repris à l'auteur des *Problèmes mécaniques* l'idée que la mécanique est commune aux mathématiques et à la physique (au sens aristotélicien du terme)[27].

b) Plusieurs auteurs anciens[28], grecs et latins, et principalement Polybe[29] et Plutarque[30], ont crédité Archimède dans le domaine civil ou militaire d'une foule d'inventions techniques plus ou moins légendaires, qui ont fait la gloire de leur auteur chez les écrivains qui le mentionnent[31]. Plutarque, qui trace d'Archimède un portrait extraordinaire[32], prétend qu'il n'avait laissé aucun écrit mécanique[33]. Mais, peut-être aveuglé par son préjugé de zélateur de la mathématique pure, Plutarque se trompe. Vitruve, qui est antérieur à Plutarque, cite Archimède

---

25. FERRARI 1984, p. 251.

26. *Ibid.*, p. 251.

27. *Problèmes mécaniques*, *Introduction*, 847a24 et suiv.

28. Voir l'*Introduction* de Ver Eecke (VER EECKE 1921).

29. Polybe, *Histoires*, Livre VIII, *passim*.

30. *Vie de Marcellus* ; le personnage d'Archimède occupe les chapitres 14 à 17. Outre la fameuse traduction d'Amyot, reproduite dans la Bibliothèque de la Pléiade, on pourra consulter l'édition bilingue moderne des Belles Lettres, ou encore une nouvelle traduction des *Vies* en un volume, publiée à Paris en 2001 dans la collection *Quarto*, Gallimard.

31. Les ouvrages classiques sont HEIBERG 1879, DIJKSTERHUIS 1956 (sur Archimède mécanicien, voir p. 21-26), et SCHNEIDER 1979. On lira aussi DRACHMANN 1967, p. 1-11, SIMMS 1995 et SIMMS 2005. Sur les enjeux de la construction de l'image d'Archimède par les auteurs grecs et surtout romains, on consultera JAEGER 2008.

32. Pour une présentation critique du portrait tracé par Plutarque, on pourra lire AUTHIER 1989.

33. *Vie de Marcellus*, 17.

parmi d'autres auteurs d'ouvrages sur les machines, et ajoute qu'il a lu les livres de ces auteurs[34] ; dans le Livre VIII de sa *Collection*[35], Pappus signale un ouvrage *Sur les balances*[36] ; toujours en matière de mécanique, le même Pappus[37] attribue à Archimède une *Sphéropée*, c'est-à-dire un ouvrage décrivant la construction d'une sphère armillaire ou planétarium, où sont reproduits les mouvements des corps célestes ; Géminus confirme ce témoignage[38], ainsi que divers auteurs latins[39] ; enfin, dans son *Traité de mécanique*, Héron signale un ouvrage d'Archimède qu'il appelle *Sur les supports*[40].

Si l'on met de côté l'ouvrage d'hydrostatique intitulé *Les corps flottants*, ainsi que les procédures mécaniques du traité *De*

---

34. *De l'architecture*, préface du Livre VII, 14. Autre témoignage dans le Livre I, 1, 17, où Archimède est cité avec des auteurs comme Aristarque de Samos, Philolaos, Archytas, Apollonius ou Ératosthène.

35. Hultsch 1878.

36. Περὶ ζυγῶν en grec : Hultsch 1878, p. 1068. Le texte précise qu'Archimède y avait démontré que, dans le cas de deux cercles concentriques inégaux et subissant un mouvement de rotation, le grand cercle « l'emporte » sur le petit cercle. On s'est demandé s'il s'agissait de l'ouvrage que, dans son commentaire au *Traité du ciel*, Simplicius appelle *Problèmes sur les centres de gravité* : Heiberg 1894, p. 543,22 et suiv. : « Les problèmes sur les centres de gravité, rédigés en grand nombre par Archimède et bien d'autres et fort bien faits, ont pour but, etc. (vient ici une quasi-définition du centre de gravité) » ; Dijksterhuis 1956, p. 48, doute qu'il s'agisse d'un ouvrage séparé d'Archimède. Il est possible aussi que ce traité des balances soit l'ouvrage auquel fait allusion Héron d'Alexandrie dans son *Traité de mécanique*, L. 1, prop. 32, dans les termes suivants : « c'est ce qu'a démontré Archimède dans ses livres sur les leviers » (voir *infra*).

37. Hultsch 1878, p. 1026.

38. Cité par Proclus (Friedlein 1873, p. 41,16).

39. Voir par exemple les références fournies dans l'*Introduction* de Ver Eecke (Ver Eecke 1921, p. XVI-XIX), et dans Jaeger 2008, p. 123, notamment Cicéron, *République*, I, qui parle de deux sphères, une sphère armillaire et une sphère solide, d'un type plus ancien.

40. Sur cet ouvrage, on pourra consulter l'important article Drachmann 1963b.

la méthode et des propositions 6-17 de la *Quadrature de la parabole*, il reste d'Archimède un ouvrage de mécanique théorique en deux Livres intitulé *De l'équilibre des figures planes* ; cet ouvrage, où l'on ne trouve rien de la tradition aristotélicienne, a été appelé à un grand succès dans l'Antiquité et surtout à l'aube des temps modernes[41]. Dans le premier Livre, on trouve une théorie de l'équilibre du levier (propositions 1-3, puis 6-7) et, pour la première fois dans la littérature grecque, une théorie du barycentre (propositions 4-5, puis 8-15), deux théories évidemment apparentées. Le Livre II est consacré à la détermination du barycentre du segment de parabole.

c) De l'œuvre abondante d'Héron d'Alexandrie[42], seul nous intéresse ici son *Traité de mécanique* en trois Livres, conservé en arabe[43] ; une étude approfondie en a été faite par A.G. Drachmann[44], chez qui l'on cherchera des compléments à ces quelques indications succinctes. – Le Livre I est une introduction générale précédée d'un exposé sur le *baroulkos*, un agencement de roues dentées destiné à soulever de lourdes charges[45]. Les cinq sections 2-6 traitent des propriétés des

41. On se reportera à l'étude Dijksterhuis 1956, chap. 9 (Livre I) et chap. 12 (Livre II).

42. Voir la notice consacrée à Héron dans Giardina 2003. On lira aussi la synthèse consacrée à Héron mécanicien dans Tybjerg 2005.

43. L'édition classique du traité est celle de L. Nix (Nix-Schmidt 1900) dans la collection Teubner. La première édition, accompagnée d'une traduction française, est celle du baron Carra de Vaux (Paris 1894), reproduite aux Belles Lettres (Carra de Vaux-Hill-Drachmann 1988), et augmentée d'une préface de D. Hill et du commentaire de Drachmann (tiré de l'ouvrage du même cité au début de cette *Introduction*). Dans le Livre VIII de sa *Collection*, Pappus a conservé en substance quelques extraits du texte grec (voir plus loin).

44. Drachmann 1963a, p. 19-140. L'ouvrage de Drachmann est le complément obligé des éditions et traductions citées dans la note précédente. Au jugement autorisé de Drachmann (p. 12), l'ouvrage de mécanique d'Héron est notre meilleure source touchant la mécanique antique.

45. Décrit aussi au chap. 37 du *Traité de la dioptre* du même Héron (Schöne 1903) ; les deux descriptions ne sont pas à leur place. Voir aussi

cercles, comme dans nos *Problèmes mécaniques* ; la section 7
reprend le problème dit de « la roue d'Aristote »[46] ; on retrouve
dans la section 8 la construction du parallélogramme des mouvements des *Problèmes mécaniques* (n° 22) ; les sections 9-19
sont consacrées à la construction de figures semblables à différentes échelles (notamment au problème de la duplication du
cube, sections 10-11) ; les sections 20-23 développent plusieurs
problèmes de mécanique : la manière de déplacer des charges
traînant sur le sol, de soulever des fardeaux au moyen de poulies,
de tirer des poids sur des plans inclinés ; enfin, les dernières
sections (24-34) sont, en substance, des extraits d'ouvrages perdus d'Archimède[47]. Le Livre II est principalement[48] consacré à
la construction, à l'utilisation et à la théorie des cinq machines
simples que sont le treuil, le levier, la poulie, le coin et la vis ;
les sections 33 et 34 comportent une série de 17 problèmes, par
questions et réponses, dont certains ont été manifestement repris
des *Problèmes mécaniques*[49], même si les réponses ne sont pas
absolument identiques ; les sections 35-41 sont consacrées à la
recherche du centre de gravité de diverses figures planes. Enfin,
le Livre III décrit les appareils utilisés pour la mise en application des machines simples[50]. – On peut s'interroger sur la part
respective de l'influence exercée par Archimède (cité à plusieurs
reprises dans le traité héronien) et par les *Problèmes mécaniques*
sur Héron. Lorsqu'il se demande quelle est la cause qui permet aux machines simples de mettre en mouvement de lourdes

la description de Pappus (HULTSCH 1878, p. 1060 et suiv.), où l'on trouve le
nom de cette machine, mentionnée encore par Pappus (ou un interpolateur)
au tout début d'une collection extraite du *Traité de mécanique* d'Héron,
ibid., p. 1114.

46. Problème 23 de notre traité.

47. Dont le nom apparaît p. 62 et suiv. de la traduction de Nix. Sur ce
groupe de questions, on pourra lire DRACHMANN 1963b, *loc. cit.*

48. Sections 1-34. Les sections 35-41 sont consacrées à la recherche
du centre de gravité de différentes figures planes.

49. Les précisions seront données dans les notes à la traduction.

50. Ainsi que, dans les dernières sections (13-21), les presses à huile.

charges sous l'action d'une force modérée[51], Héron emprunte aux *Problèmes mécaniques* le principe des cercles concentriques inégaux[52]. Mais on a excellemment montré[53] qu'il y avait chez Héron un détournement de la fonction du principe invoqué, car le principe des cercles concentriques est ramené par lui à la théorie de la balance. Il n'empêche que, même si la démarche d'Héron est en réalité archimédienne, la mention respectueuse et conservatrice de ce principe est un autre témoignage de l'influence des *Problèmes mécaniques* sur les auteurs postérieurs.

d) Le Livre VIII[54] de la *Collection* de Pappus commence par un vibrant éloge de la mécanique ; en raison de son utilité pour les besoins de l'existence, dit Pappus, elle jouit d'une grande faveur chez les philosophes et a été très étudiée par les mathématiciens. La préface mentionne les deux sources de Pappus, Archimède et Héron ; il n'y a donc plus d'influence directe des *Problèmes mécaniques* sur Pappus[55]. Pour les discussions sur le lourd et le léger, la cause du mouvement ascendant et descendant des corps, ainsi que sur le haut et le bas proprement dits, Pappus renvoie à Ptolémée[56]. Toujours dans sa préface, il signale expressément trois problèmes spéciaux, qui font,

---

51. *Traité de mécanique*, L. II, fin de la section 7. Archimède est mentionné dans cette section comme auteur d'un traité appelé ici *Équilibre des inclinaisons* ; DRACHMANN 1963a, p. 62, et 1963b, *loc. cit.*, pense que la section a pu être empruntée au traité archimédien perdu appelé parfois *Des balances*, attribution adoptée par SCHÜRMANN 1991, p. 54. Au début de la section 8, Héron mentionne « les Anciens », c'est-à-dire probablement l'auteur des *Problèmes mécaniques*.

52. Qu'il répète aussi dans les sections 9 et 10.

53. D'abord DE GANDT 1982 ; puis SCHÜRMANN 1991, p. 2 et suiv.

54. Le Livre VIII est entièrement consacré à la mécanique. Ver Eecke a écrit un bref essai sur ce Livre VIII (VER EECKE 1933). On consultera une présentation développée de ce Livre de Pappus dans CUOMO 2000, chap. 3 « Inclined planes and architects ».

55. Mais, dans la préface, on rencontre encore quelques échos des thèmes traités dans l'*Introduction* des *Problèmes mécaniques*.

56. Dans le traité appelé ici *Les mathématiques*, sans doute un autre titre de l'*Almageste*, notamment Livre I, chap. 7.

dit-il, l'objet sous sa plume d'une présentation plus satisfaisante que chez ses prédécesseurs[57], le plan incliné, la duplication du cube, le mécanisme des roues dentées[58]. La première partie du Livre VIII développe principalement la théorie archimédienne des centres de gravité[59], avec des emprunts retravaillés au *Traité de mécanique* d'Héron[60] ; on y trouve aussi des propositions géométriques (12-19), dont certaines à l'usage des architectes, des propositions sur l'agencement de roues dentées et sur la construction de la vis sans fin (20-24) ; enfin, les dernières sections (31-32), qui sont peut-être d'un interpolateur, reprennent littéralement des développements sur les machines simples extraits du *Traité de mécanique* d'Héron[61].

III. L'auteur des *Problèmes mécaniques*[62]

Les Anciens ont été assurés de la paternité d'Aristote, à qui plusieurs auteurs ont attribué des *Mechanica*[63]. L'authenticité de l'ouvrage n'a guère été mise en doute à la Renaissance[64],

---

57. C'est-à-dire Héron ; voir Cuomo 2000, p. 109 et suiv.

58. Respectivement dans les propositions 9, 11 et 23.

59. Il faut ajouter les huit propositions 12-19, qui sont d'un ordre différent.

60. Voir Cuomo 2000, p. 110 et suiv.

61. Ces extraits sont réédités par W. Schmidt dans le vol. II des œuvres d'Héron cité plus haut : Schmidt 1900, p. 272 et suiv.

62. L'état le plus récent et le plus complet de la question a été dressé par le dernier éditeur du traité, M.E. Bottecchia Dehò (Bottecchia Dehò 2000, p. 27-51). Voir aussi l'article important Nobis 1966. On consultera encore l'ouvrage Krafft 1970, p. 13-20. Ces trois études ont fourni la matière du bref résumé présenté ici.

63. Entre autres Diogène Laërce, Athénée le Mécanicien, contemporain de Vitruve, dans son *Traité des machines*, le compilateur Hésychius de Milet (VIe siècle ap. J.-C.), et Simplicius. On trouvera le détail dans Bottecchia Dehò 2000, p. 28-29 et 46-51.

64. Mais, dans la traduction en castillan de Diego Hurtado de Mendoza, faite en 1545 et qui est actuellement très accessible, car elle n'a

et cela jusqu'au milieu du XIXe s.[65], date à partir de laquelle les adversaires de l'authenticité ont été majoritaires pendant un siècle. Certains historiens ont fondé leur refus de l'authenticité sur le peu d'estime que leur inspirait le contenu du traité, jugé indigne du Stagirite[66] et orienté trop exclusivement vers des fins pratiques[67] ; d'autres ont mis en relief l'absence de références croisées explicites entre les *Problèmes mécaniques* et les autres

---

été publiée qu'en 1898 par P. Foulché-Delbosc (FOULCHÉ-DELBOSC 1898), on voit que l'auteur n'ignore pas que certains ont déjà mis en doute l'authenticité de l'ouvrage et donne leurs raisons (p. 368) : « El libro es de Aristotiles aunque algunos duden por ciertas preguntas que pareçen en el impertinentes que no lo son, y podrían ser añadidas, i por hallarse en el principios diferentes a los que en otras sus obras usó, etc. » Pour l'expression de ces doutes, il faut donc remonter au-delà des années 1570, c'est-à-dire avant la publication des ouvrages de Cardan et de Patrizzi, dont parlent P.L. Rose et S. Drake (ROSE-DRAKE 1971, p. 72, n. 11), et M.E. Bottecchia Dehò (BOTTECCHIA DEHÒ 2000, p. 29-30).

65. À l'époque moderne, le premier véritable adversaire de l'authenticité est V. Rose, qui s'exprime catégoriquement en quelques lignes sur le sujet : ROSE 1854, p. 192 et suiv.

66. Par exemple (cf. TANNERY 1915) ; il est curieux de voir Tannery appuyer l'inauthenticité du traité sur la confusion, qui serait indigne d'Aristote, entre la statique et la dynamique ; il y a là une étrange aberration de la part du savant historien des sciences. Au contraire, M. Cantor (CANTOR 1880) se fondait sur des raisons de contenu pour reconnaître la possible authenticité de l'ouvrage. – Ce qui est étonnant, c'est qu'un historien comme J.F. Montucla (MONTUCLA 1799, p. 187), qui a été le premier à dénigrer sans réserve notre traité, ait refusé de comprendre les raisons de l'immense succès de l'ouvrage dans le milieu des ingénieurs de la Renaissance (succès qu'il n'ignorait pas). Il semble qu'un certain nombre d'appréciations négatives du contenu des *Problèmes mécaniques*, depuis Montucla jusqu'au début du XXe s., reposent sur une comparaison mal venue entre le niveau scientifique du traité et celui du savoir moderne.

67. C'était faire bon marché des fondements exposés dans l'*Introduction* et de la manière dont les problèmes sont traités, qui montrent qu'en réalité le traité cst un ouvrage de mécanique théorique.

ouvrages du *corpus* aristotélicien ; les tendances hypercritiques du XIXᵉ s. ont fait aussi douter du témoignage des Anciens attribuant des *Mechanica* à Aristote. Enfin, la terminologie mathématique du traité a été examinée par Heiberg[68], qui conclut à l'inauthenticité[69]. On a parfois songé à Straton ou à un auteur de son école[70].

Il a fallu attendre les recherches de H.M. Nobis et surtout de F. Krafft[71] pour voir repartir en sens inverse le balancier de la critique. Davantage encore que Nobis, Krafft s'est affirmé un partisan résolu de l'authenticité de l'ouvrage, du moins pour ses parties les plus importantes ; les arguments de Krafft touchant le contenu veulent montrer des rapports étroits avec les ouvrages du Stagirite que la critique récente rapporte au début de sa carrière, comme le Livre VII de la *Physique* ou le Livre II du *Traité du ciel*[72] ; la terminologie mathématique est préeuclidienne et proche de celle de Platon, ce qui s'expliquerait bien si l'ouvrage était de la jeunesse d'Aristote. Krafft a été suivi par d'autres historiens ou philologues qui ont consacré d'excellents travaux à la mécanique ancienne et penchent fortement pour

---

68. HEIBERG 1904, p. 30-32. Heiberg a été suivi par Heath (HEATH 1921, p. 344).

69. La raison affichée (HEIBERG 1904, p. 31) est la présence des mots Περὶ ζυγῶν « quadrilatère » (848b20), qu'on ne trouve qu'ici et dans le recueil des *Problèmes* pseudo-aristotéliciens (XV, 3, 911b3), et Περὶ ζυγῶν « losange » (854b16 et 855a5), absent du reste du *corpus* aristotélicien. Voilà une raison dont la faiblesse saute aux yeux.

70. Par exemple GERCKE 1895 et ceux qui l'ont suivi. Dans sa notice sur Straton, Diogène Laërce, V, 59, lui attribue un traité de mécanique.

71. KRAFFT 1970, premier chapitre, 13-96 ; F. Krafft pense cependant qu'il s'agit d'une œuvre de jeunesse ; mais voir plus loin les considérations linguistiques de S. Wahlgren (WAHLGREN 1995). Il ne faut pas compter P. Gohlke (GOHLKE 1957), puisqu'il affirme sans preuves sérieuses l'authenticité de tout le *corpus*.

72. Personnellement, je ne suis pas convaincu de la pertinence de ces rapprochements et surtout des conclusions qu'en tire l'auteur.

l'authenticité des *Problèmes mécaniques*[73] ; il n'a pourtant pas convaincu tout le monde[74].

On voit que la situation est très embarrassante. Comme il serait absurde de mettre la question aux voix, je serais tenté d'admettre, au moins provisoirement et comme c'est le plus généralement fait depuis plus d'un siècle, qu'il s'agit d'un traité péripatéticien de la fin du IVe siècle ou du début du IIIe s. av. J.-C, peut-être de Straton. Certes, j'ai la plus grande considération pour l'opinion de savants qui ont consacré tant d'efforts à l'élucidation du traité ; pourtant, je ne suis pas convaincu par les arguments des partisans de l'authenticité. En voici trois exemples. (1) Dans les *Problèmes mécaniques*, le mouvement d'un corps le long d'un arc de cercle est décomposé en deux mouvements rectilignes ; on est loin ici de l'affirmation solennelle d'Aristote dans *Du ciel* (I, 2, 269a10) sur la simplicité du mouvement circulaire ; il ne servirait à rien de soutenir qu'il s'agit dans *Du ciel* du mouvement circulaire du cinquième corps, qui est divin, puisque le thème de la simplicité du mouvement circulaire est évidemment lié à celui de la primauté en général du cercle au sein des figures planes (II, 4, 286b11) : si le mouvement rectiligne est simple, à plus forte raison est simple le mouvement circulaire, qui le dépasse en excellence ; inutile aussi de chercher à résoudre la difficulté en supposant une différence de date dans la composition, car on comprendrait mal que, dans *Du ciel*, où les allusions à la mécanique sont nombreuses, Aristote ne fasse pas la moindre mention d'une composition du mouvement circulaire[75] s'il était

73. Par exemple SCHNEIDER 1992 ou SCHÜRMANN 1991. Mais on doit surtout mentionner l'auteur de la récente édition des *Mechanica*, M.E. Bottecchia Dehò (BOTTECCHIA DEHÒ 2000).

74. Par exemple KNORR 1982, DE GANDT 1982, FRANCO REPELLINI 1993, MICHELI 1995, MEISSNER 1999, p. 45, n. 49 (pour un état succinct de la question), LONGO 2003 (« Geometria e fisica nei *Mechanika* pseudo-aristotelici », p. 69), FLASHAR 2004, p. 273, ou encore HUFFMAN 2005, p. 77.

75. On aurait pu l'y trouver en I, 4, qui traite de l'absence de contraires dans le cas du mouvement circulaire.

l'auteur du traité de mécanique, ne serait-ce que pour différencier les champs de recherche. (2) Pour soutenir sa thèse, Krafft[76] est obligé de supposer que les problèmes 31 et 32 ne font pas partie du plan originel de l'ouvrage, mais ont été intégrés plus tard par Aristote ou un de ses disciples. (3) Les arguments des partisans de l'authenticité fondés sur l'analogie du vocabulaire mathématique de l'auteur avec le vocabulaire d'Aristote me paraissent très faibles (par exemple Krafft[77], suivi par M.E. Bottecchia Dehò[78]). En effet, je pense qu'un auteur d'obédience péripatéticienne et postérieur à l'époque de la parution des ouvrages euclidiens a très bien pu garder une bonne partie de ce vocabulaire qui a disparu des *Éléments*[79]. Car ce type d'argument repose sur l'idée fausse que la parution des ouvrages euclidiens aurait effacé d'emblée toute autre forme de l'expression mathématique ; il suffit de penser à la langue d'Archimède, qui offre de nombreux traits non euclidiens et qui montre qu'Archimède, postérieur à Euclide et qui se réfère parfois à Euclide, a été formé aux mathématiques par des maîtres et des ouvrages dont la langue n'était pas l'euclidien au sens strict. – Je répète enfin que le fait que le principe des cercles concentriques inégaux, non pas sous sa forme simplement géométrique, mais bien sous sa forme mécanique, c'est-à-dire lorsqu'il est précisé que les deux cercles sont mus par une même force, soit absent du reste du *corpus* d'Aristote ne parle pas, à mon avis, en faveur de l'authenticité du traité.

Enfin, il existe encore une voie de recherche différente de celles qui ont été tentées jusqu'ici. Elle repose sur l'examen des particularités linguistiques du traité. Les remarques linguistiques faites ici et là, notamment par Heiberg, ne concernaient que la terminologie mathématique. Mais il est plus sûr de s'attacher à des phénomènes qui échappent généralement à la conscience claire de l'auteur, parce qu'ils font partie de la langue de son

---

76. Krafft 1970, p. 63 et 76.

77. *Ibid.*, p. 78 et suiv.

78. Bottecchia Dehò 1982, p. 40.

79. Par exemple la façon préeuclidienne de désigner un point : Περὶ ζυγῶν « le point A ».

époque et de son milieu scientifique : morphologie, prépositions, particules, constructions syntaxiques de la langue ordinaire, etc. C'est ce qui a été fait par S. Wahlgren[80], qui a examiné sous cet angle la langue de plusieurs auteurs du début de l'époque impériale[81] en la comparant à celle d'auteurs antérieurs, c'est-à-dire de la période hellénistique ; il a appliqué ses recherches à un essai de datation de trois opuscules du *corpus* aristotélicien, dont les *Problèmes mécaniques*, ouvrage pour lequel les résultats sont les plus assurés. Malgré l'étendue seulement moyenne de notre traité, je pense que les faits linguistiques étudiés par Wahlgren permettent de se prononcer contre l'authenticité de l'ouvrage ; certains traits pourraient donner à penser qu'une datation basse, plaçant l'ouvrage au début de la période impériale, n'est pas à exclure. En tout cas, voici la conclusion prudente de Wahlgren[82] (p. 202) : « Le résultat de cet examen est que nous avons un certain nombre d'arguments, dont plusieurs certainement très faibles, contre une datation hellénistique[83] ; l'examen parle en défaveur d'une attribution à Straton. » On peut évidemment contester la méthode de Wahlgren, qui postule l'unité de l'ouvrage, et supposer que le fond de l'ouvrage remonte à Aristote et que des ajouts postérieurs lui ont donné une physionomie plus tardive ; mais c'est entrer là dans le champ infini des hypothèses non vérifiables.

IV. L'archéologie du traité et le rôle d'Archytas de Tarente

Les allusions à des objets techniques, à des instruments et à la technique en général se trouvent déjà dans la littérature

---

80. WAHLGREN 1995 ; la datation des *Problèmes mécaniques* occupe les pages 200-202.

81. 30 av. J.-C.-40 ap. J.-C. : Denys d'Halicarnasse, Nicolas de Damas, Strabon, Philon d'Alexandrie.

82. WAHLGREN 1995, p. 202.

83. Il faut rappeler à ce propos que, du moins pour la langue, Aristote est classé parmi les auteurs hellénistiques.

grecque la plus ancienne[84], les poèmes d'Homère et d'Hésiode. Dès le VIIe siècle av. J.-C., on assiste dans l'aire de civilisation grecque à un foisonnement de réalisations techniques – machines de guerre[85] ou de théâtre ; construction d'édifices divers, notamment des temples ; construction, au VIe siècle av. J.-C., du tunnel-aqueduc d'Eupalinos à Samos[86] ou de l'aqueduc de Pisistrate à Athènes ; constructions navales et portuaires, constructions urbaines[87], etc.[88]. On pourra consulter à ce sujet les ouvrages cités en note au début de cette *Introduction*[89]. Quant aux ouvrages techniques proprement dits[90], le plus ancien qui nous soit parvenu est du milieu du IVe siècle av. J.-C. ; il s'agit du traité de poliorcétique d'Énée le Tacticien[91]. Mais la figure la plus citée parmi les prédécesseurs de l'auteur des *Problèmes mécaniques* est celle du Pythagoricien Archytas de Tarente[92], un contemporain de Platon, probablement un peu plus jeune.

---

84. L'ouvrage de H. Schneider (SCHNEIDER 1989) consacre un chapitre substantiel aux *Problèmes mécaniques*.

85. Les catapultes et balistes ont été inventées en 399 à Syracuse (Diodore de Sicile, XIV, 42).

86. Hérodote, *Histoires*, III, 60 ; consulter KIENAST 2005. Dans le même chapitre, Hérodote mentionne aussi deux autres constructions monumentales à Samos : le môle, long de plus de deux stades, et le temple construit par l'architecte Rhoicos, qui était le plus grand du monde grec à l'époque d'Hérodote (Ve siècle av. J.-C.).

87. Le personnage emblématique dans ce domaine est l'architecte et urbaniste Hippodamos, qui a travaillé à Milet et au Pirée au Ve s.

88. On consultera avec fruit SCHNEIDER 1992.

89. Voir aussi la synthèse FERRARI 1985.

90. Sur ces textes techniques (au sens large du terme), on consultera la mise au point de Ph. Fleury, qui, déjà assez ancienne, reste très utile : FLEURY 1990.

91. Voir DAIN-BON 1967. Alors que la catapulte a été inventée en 399 av. J.-C., à Syracuse, Énée ne fait qu'une seule allusion à cette machine. Voir MARSDEN 1969, où un chapitre entier est consacré à l'invention de la catapulte.

92. Sur les dates d'Archytas (430-410 et 360-350), voir HUFFMAN 2005, p. 5.

Nous possédons un certain nombre de témoignages sur les réalisations techniques et mécaniques d'Archytas. Mais la doxographie à son sujet est d'interprétation délicate, comme le montre la diversité des interprétations qui ont été données.

Voici une présentation de la doxographie proprement « mécanique » d'Archytas, par ordre chronologique des auteurs. Je n'ai pas retenu les témoignages sur la résolution instrumentale par Archytas du problème de la duplication du cube[93], qu'il faut mettre à part[94].

Athénée le Mécanicien (Iᵉʳ s. av. J.-C.), est le seul auteur mécanicien à mentionner Archytas[95], qui aurait composé un ouvrage de mécanique[96], trop théorique pour les besoins des praticiens[97]. L'architecte romain Vitruve cite à deux reprises un Archytas mécanicien, parmi des savants qui ont écrit sur la

93. D'abord Plutarque, *Vie de Marcellus*, 14, 9, où Archytas est cité en même temps que le mathématicien Eudoxe ; *Œuvres morales. Propos de table*, VIII, 2, 1, 718e, où le nom de Ménechme est ajouté à ceux d'Archytas et d'Eudoxe. Puis Diogène Laërce, *Vie et doctrine des philosophes illustres*, L. VIII, section Archytas, § 83. Enfin Eudème de Rhodes, cité dans le commentaire d'Eutocius au traité *De la sphère et du cylindre* d'Archimède, II, 1 (MUGLER 1972, p. 62-64). – Pour ces témoignages, voir les commentaires de HUFFMAN 2005, *ad loc.*

94. On pourra consulter le bref essai CAMBIANO 1998.

95. HUFFMAN 2005, p. 78. L'auteur n'a certainement pas tort d'en tirer un argument très solide contre la véridicité des témoignages sur Archytas mécanicien.

96. L'édition la plus récente de cet Athénée est celle de R. Schneider (SCHNEIDER 1912) ; il existe une traduction anglaise : WHITEHEAD-BLYTH 2004. Le nom d'Archytas est cité parmi ceux de Straton, d'Hestiée et d'Aristote. Il est possible que Straton soit cité ici pour son ouvrage sur le vide (fr. 18 dans WEHRLI 1969), qui traitait non seulement de la théorie des pores, mais aussi des machines pneumatiques (fr. 54-67 dans WEHRLI 1969), ainsi que pour son *Mechanikon* (fr. 69 dans WEHRLI 1969). Un nommé Hestiée est mentionné comme le père d'Archytas par la doxographie (Diogène Laërce, *Souda*).

97. Je ne suis pas convaincu par les arguments de Huffman (HUFFMAN 2005, p. 78, n. 12). qui est d'avis qu'il s'agit ici des travaux mathématiques d'Archytas.

mécanique ou ont construit des machines[98]. Le grammairien latin
Aulu-Gelle (IIe s. ap. J.-C.) rapporte une anecdote fameuse qu'il
a lue dans le philosophe Favorinus[99], sur l'invention par Archytas
d'une colombe en bois capable de voler, mais qui, une fois sur
le sol, ne pouvait pas se relever[100]. Il faut enfin mentionner le
témoignage de Diogène Laërce (1ère moitié du IIIe s. ap. J.-C. ;
mais ses sources sont bien antérieures)[101]. En VIII, 82, après
avoir dressé une liste de quatre Archytas, il en cite un cinquième,
un architecte, qui aurait laissé un ouvrage *Sur la mécanique*.
Un peu plus loin (VIII, 83), à propos d'Archytas de Tarente,
il dit ceci : « Il fut le premier à fournir à la mécanique une

---

98. *Architecture*, I, 1, 17 : *Hi autem inveniuntur raro, ut aliquando
fuerunt Aristarchus Samius, Philolaus et Archytas Tarentini, Apollonius
Pergaeus, Eratosthenes Cyrenaeus, Archimedes et Scopinas ab Syracusis,
qui multas res organicas, gnomonicas numero naturalibusque rationibus
inventas atque explicatas posteris reliquerunt* : « On trouve rarement de
ces gens, comme Aristarque de Samos, Philolaos et Archytas de Tarente,
Apollonius de Perge, Ératosthène de Cyrène, Archimède et Scopinas de
Syracuse, qui ont laissé à leurs successeurs des machines et des gnomons
en quantité, fondés sur les mathématiques et la physique » ; et VII, préface,
14 : *Non minus de machinationibus [conscripserunt], uti Diades, Archytas,
Archimedes, Ctesibios, Nymphodorus, Philo Byzantius, etc.* : « Beaucoup
ont écrit sur les machines, comme Diadès, Archytas, Archimède, Ctési-
bios, Nymphodoros, Philon de Byzance, etc. » Les deux listes ne sont pas
identiques, ce qui n'est pas suffisant pour mettre en doute le témoignage
de Vitruve.

99. Il s'agit du rhéteur Favorinus d'Arles, un ami d'Aulu-Gelle ; voir
la notice FOLLET 2000.

100. *Nuits attiques*, X, 12, 9-10 : *Nam et plerique nobilium Graecorum
et Favorinus philosophus... affirmatissime scripserunt simulacrum colum-
bae e ligno ab Archyta ratione quadam disciplinaque mechanica factum
volasse.* [Voici les mots de Favorinus] : Ἀρχύτας Ταραντῖνος τὰ ἄλλα
καὶ μηχανικὸς ὢν ἐποίησεν περιστερὰν ξυλίνην πετομένην· <ἣν> ὁπότε
καθίσειεν, οὐκέτι ἀνίστατο. – Ce passage a été longuement commenté
par HUFFMAN 2005, p. 570 et suiv. On pourra aussi consulter TIMPANARO
CARDINI 1962, p. 290-292.

101. *Vie et doctrine des philosophes illustres*, Livre VIII, section
Archytas, § 82 et 83.

méthode fondée sur des principes mathématiques[102]. » On voit que la notice de Diogène est mal composée ; il est tentant d'harmoniser le donné en assimilant le cinquième Archytas à notre Pythagoricien. Ce qui est très important dans cette notice, c'est d'abord la ressemblance étroite entre la phrase en VIII, 83 et le début des *Problèmes mécaniques*, en 847a24 et suiv., qui explique que la cause du donné physique est expliquée par le traitement mathématique. Je vois aussi un rapport avec ce que dit Athénée : à l'époque du moins, un ouvrage de mécanique théorique utilisant l'appareil mathématique n'était peut-être pas d'une utilité considérable pour les praticiens de la technique.

Voilà, brièvement résumé, le donné concernant Archytas mécanicien. Il a donné lieu à des interprétations non seulement variées, mais même opposées, comme le sont au premier chef celles de Krafft[103] et de C.A. Huffman[104]. Krafft accorde trop à Archytas, notamment lorsqu'il marque des liens douteux entre Archytas et certaines théories des *Lois* de Platon. Inversement, seule l'invention de la colombe mécanique trouve grâce aux yeux de Huffman ; les témoignages sur un ouvrage de mécanique[105] lui semblent influencés par la tradition qui attribue à Archytas l'emploi de méthodes mécaniques en mathématiques ; Huffmann refuse de voir en Archytas le premier auteur d'un ouvrage de mécanique théorique, et donc un éventuel modèle où l'auteur des *Problèmes mécaniques* aurait puisé. Mais, à mon avis, la méthode de Huffman, si elle a l'avantage d'interdire dorénavant les interprétations fragiles et une lecture naïve du donné textuel, a les inconvénients de toutes les méthodes hypercritiques : il ne reste pas grand-chose après leur passage. Le temps est sans doute venu d'une reprise plus compréhensive du témoignage de la tradition.

---

102. Οὗτος πρῶτος τὰ μηχανικὰ ταῖς μαθηματικαῖς προσχρησάμενος ἀρχαῖς μεθώδευσε. La leçon μαθηματικαῖς est une correction d'éditeur pour μηχανικαῖς de la tradition manuscrite ; elle est admise par la plupart des interprètes.

103. KRAFFT 1970, *passim* et surtout p. 145-154.

104. HUFFMAN 2005, p. 28-30, p. 77-83, p. 570-579.

105. Athénée, Vitruve et Diogène.

Jusqu'à plus ample informé, j'incline à voir en Archytas le moment où les nombreuses réalisations techniques antérieures ou contemporaines ont conduit à une réflexion sur les fondements de cet art.

V. L'Introduction et les fondements théoriques des Problèmes mécaniques

Les *Problèmes mécaniques* sont composés de deux parties d'inégale longueur[106] : une *Introduction* méthodologique[107] d'une exceptionnelle richesse et une série de 34 problèmes[108].

L'*Introduction* s'ouvre par des considérations sur la *technè*[109], à laquelle nous avons recours chaque fois que nous avons besoin d'accomplir une action contre-nature qui nous est utile[110]. La mécanique est une partie de la *technè* ; elle est fondée sur l'utilisation de dispositifs permettant, au moyen d'une petite force, de mouvoir des poids considérables.

---

106. Pour l'analyse du contenu du traité, on lira avec fruit SCHNEIDER 1989, p. 234 et suiv., et LONGO 2003, p. 65-81.

107. De 847a11 à 850a2.

108. L'ouvrage a connu longtemps deux types de divisions : a) par chapitres, chaque problème formant aussi un chapitre ; c'est par exemple ce que l'on trouve dans l'édition CAPPELLE 1812 ; dans ce système, le problème portant ici le n° 1 formait le chapitre 3 ; b) plus tard, au XXᵉ s., une *Introduction* suivie de 35 problèmes, qui commencent en 848b1. – Mais M.E. Bottecchia Dehò a préféré intégrer dans l'*Introduction* le problème n° 1, sur la balance et ses rapports avec le cercle. Il y a de bonnes raisons à cela, puisque cette section forme la suite naturelle du développement sur les propriétés du cercle (847b15-848a36), et qu'il n'est pas introduit pas l'interrogation canonique διὰ τί « pourquoi ». Malgré la gêne que ce changement peut causer au lecteur désirant consulter les éditions précédentes et les ouvrages de critique, et comme l'a déjà fait O. Longo, j'ai adopté la numérotation de BOTTECCHIA DEHÒ 2000, qui est sans doute destinée à s'imposer quelque jour.

109. Le mot grec *technè* veut dire à la fois art et technique.

110. Pour le débat assez récent sur l'opposition art/nature dans les *Problèmes mécaniques*, voir KRAFFT 1967, KRAFFT 1970, p. 154-160, SCHNEIDER 1989, p. 256-258, et MICHELI 1995, p. 27 et suiv.

Mais le mot « force » est ici un abus de langage, car l'auteur emploie le mot ῥοπή (847a22). Ce mot de ῥοπή, pour lequel il est sans doute impossible de donner une traduction identique dans tous ses contextes, désigne proprement « la tendance naturelle à tomber, à descendre » d'un corps pesant. La notion est approchée dans *Du ciel*, où Aristote se place sur un plan plus général et désigne aussi par là la « tendance à monter » du léger absolu, le feu[111] : « Nous définissons une chose lourde ou légère par la possibilité qu'elle a de se mouvoir naturellement d'une certaine façon. Il n'existe pas de nom pour les actes correspondants à ces possibilités, à moins de juger convenable le mot *impulsion* ». Dans le cas d'un corps pesant et descendant vers son lieu naturel, la ῥοπή se confond avec le poids du corps. – Il n'en va pas de même dans la théorie mécanique, où la ῥοπή se dit des poids placés sur les plateaux d'une balance ou, à la rigueur, de la force dirigée vers le bas qui s'exerce sur l'extrémité d'un levier, mais se distingue du poids. Elle ne doit pas se confondre non plus avec l'ἰσχύς (ni avec la δύναμις), qui désigne une force appliquée à un objet de l'extérieur et pas forcément dirigée vers le bas[112]. Enfin et surtout, la ῥοπή n'est pas une grandeur constante ; elle n'est pas uniquement fonction de la masse d'un objet, mais dépend de la longueur du bras de la balance ou du levier[113] ; on voit qu'il s'agit là du concept antique le plus voisin du concept moderne de moment d'une force.

---

111. *Du ciel*, IV, 1, 307b30 : βαρὺ γὰρ καὶ κοῦφον τῷ δύνασθαι κινεῖσθαι φυσικῶς πως λέγομεν. Ταῖς δὲ ἐνεργείαις ὀνόματ' αὐτῶν οὐ κεῖται, πλὴν εἴ τις οἴοιτο τὴν ῥοπὴν εἶναι τοιοῦτον. Voir aussi *Physique*, IV, 8, 216a13. [[Voir la note de M. Federspiel à *Du ciel*, 273b30, dans le premier volume de cette série aristotélicienne ; voir aussi la note à *Du ciel*, 307b33 (sur le temps de parcours et le poids des mobiles).]]

112. La différence entre ῥοπή et ἰσχύς est particulièrement marquée dans le problème 31, consacré à la cessation du mouvement des projectiles découplés du moteur.

113. 849b32 : « Certains déplacement sont visibles dans les deux sortes de balances [les petites et les grandes], mais on les distingue bien mieux dans le cas des grandes balances, parce que l'amplitude de la *tendance à descendre* sous l'effet du même poids est bien plus grande. »

L'étude de ces machines, qui sera présentée comme une succession de problèmes, relève de deux disciplines, la physique et les mathématiques ; comme science des mouvements qui mettent en œuvre des forces et des objets matériels, l'étude de la mécanique ressortit à la physique ; mais la description des phénomènes, qui vise le *comment*, a recours aux mathématiques[114] ; cette mathématisation du donné physique est un aspect essentiel de la théorie développée par l'auteur.

Le dispositif fondamental en mécanique est le levier (847b11), qui permet, au moyen d'une petite force (ἰσχύς), de soulever de grands poids, malgré le surcroît de poids qui vient du levier lui-même. Voilà quelque chose d'étonnant, dit l'auteur, et qui repose sur un principe encore plus étonnant : le levier se ramène au cercle et aux propriétés étonnantes du cercle[115]. En effet, le cercle est constitué de contraires : il comporte un élément mobile et un élément au repos[116] ; la circonférence est composée du concave et du convexe ; le cercle se meut simultanément vers l'avant et vers l'arrière ; l'extrémité mobile de son rayon revient à l'endroit d'où elle est partie. L'explication des phénomènes de mécanique se fonde sur une triple réduction (848a11-14) : presque toutes leurs propriétés se ramènent à celles du levier[117], celles du levier se ramènent à celles de la balance, et celles de la balance se ramènent à celles du cercle. Autre propriété étonnante du cercle : les points du rayon ne se meuvent pas à la même vitesse, mais ce sont les points les plus

---

114. La doctrine est parfaitement aristotélicienne. Voir la note *ad loc.*

115. 847b17 : « Il y a là quelque chose de très logique ; rien d'absurde, en effet, à voir quelque chose d'étrange résulter de quelque chose de plus étrange. »

116. Il est possible que l'auteur songe ici non seulement au phénomène de toupillage, c'est-à-dire de rotation du cercle sur lui-même, mais aussi à la construction géométrique du cercle. L'élément mobile est la circonférence et l'élément au repos est le centre. Sur cette propriété du cercle, voir déjà Platon, *Lois*, X, 893c.

117. L'auteur ne dit pas dans quelles circonstances la théorie du levier est inopérante.

éloignés du centre qui se meuvent le plus vite[118] ; on reviendra plus loin sur cette propriété fondamentale, d'application constante dans le traité et souvent appelée par les interprètes le principe des cercles concentriques inégaux. Enfin, le fait que le cercle se meuve simultanément en avant et en arrière est à l'origine de mécanismes curieux qu'on trouve dans les temples et dont le principe est dissimulé aux regards (848a20-36).

La deuxième partie de l'*Introduction* (848b1 et suiv.) est consacrée aux rapports de la balance et du cercle. En effet, c'est la réduction des propriétés de la balance à celles du cercle qui explique pourquoi les grandes balances sont plus précises que les petites. On l'a dit plus haut, sur le rayon, le point le plus éloigné d'une extrémité fixe décrit un cercle plus grand. Or, en vertu de l'une des définitions d'une vitesse plus grande (on dit qu'une chose est plus rapide lorsqu'elle parcourt une distance plus grande dans un temps égal)[119], un rayon plus grand décrit un cercle plus grand dans un temps égal[120].

L'explication de la différence des vitesses des points sur les rayons va emprunter un détour mathématique, celui de la composition des mouvements. Le rayon (en réalité, l'extrémité mobile du rayon) est mû de deux translations qui se composent (848b9). Mais il y a deux types de mouvements composés. Le premier est celui où les deux transports sont dans un rapport défini (composition de mouvements uniformes ; en termes modernes, c'est la première apparition historique du parallélogramme des mouvements[121]) : « Lorsqu'un objet est transporté dans un rapport

---

118. Il n'est jamais question de vitesse angulaire dans les *Problèmes mécaniques*. La fin du passage de Platon, *Lois*, X, 893b-d, mentionne cette propriété « merveilleuse » qui fait que deux cercles concentriques, animés de la même vitesse angulaire, ont des vitesses différentes et « proportionnelles à leur taille ».

119. Dans cette définition du « plus rapide », il n'est pas question ni d'une définition de la vitesse, ni de ces relations de proportionnalité qu'on trouve notamment dans *Physique*, VII, 5.

120. Dans le cas de cercles concentriques.

121. L'expression de l'auteur est très vague, car il ne dit pas « vitesses », mais « translations », par quoi il ne faut pas entendre « distances » ; le plus

déterminé, il est nécessairement transporté en ligne droite, qui est la diagonale de la figure résultant de la composition des lignes qui sont dans le rapport en question. » Le second type de mouvements composés (848b26) est celui où les deux mouvements ne sont, à aucun moment, dans le même rapport ; la trajectoire décrite est alors curviligne (848b34). Si l'on veut bien se reporter à la figure qui accompagne à cet endroit la traduction, on voit que les deux mouvements qui se composent sont, l'un, tangent au cercle, l'autre, dirigé vers le centre du cercle, donc perpendiculaire au premier. La trajectoire résultante n'est pas la diagonale BΓ, c'est-à-dire la corde qui sous-tend l'arc, comme dans le cas de la composition de mouvements uniformes, mais cet arc BΓ lui-même. Mais, dans le cas de deux cercles concentriques inégaux mus par une même force (849a6 et suiv.), la deuxième translation, celle qui tend à mouvoir vers le centre du cercle le corps transporté circulairement (et qui est qualifiée de *contre-nature*), est plus forte dans le cas d'un petit cercle que dans le cas d'un grand cercle, parce que l'extrémité mobile du petit rayon est plus proche du centre et subit davantage son influence[122]. Le corps mû circulairement, davantage « détourné/dévié » (c'est le mot de l'auteur : ἐκκρούειν) dans le cas du petit cercle, est donc mû plus lentement que sur le grand cercle. – Il faut insister sur cette propriété qui jouera à diverses reprises[123] un rôle fondamental et qu'on ne retrouve pas ailleurs sous cette forme dans le *corpus* d'Aristote : dans le cas de deux circonférences inégales concentriques, une *même* force produit des mouvements circulaires animés de vitesses différentes (« un rayon plus grand décrit un cercle plus grand dans un temps égal » : 848b5, 849a7, 849b20). Cette propriété de type mécanique se greffe sur la propriété purement cinématique

---

expédient est de respecter cette ambiguïté. Mais, surtout, il ne parle pas de parallélogramme des « forces ». – Il faut aussi ajouter les indications sommaires des *Météorologiques*, I, 4, 342a24 (voir note à la traduction).

122. La démonstration mathématique est donnée en 849a21-b20.

123. En 850b5, 851b3, 852a18, 852b8 (que la force soit identique est sous-entendu), 855b33, 857a28.

des cercles déjà énoncée par Platon[124] et qu'on trouve aussi chez Aristote et les mécaniciens postérieurs[125] : les circonférences de deux cercles concentriques animés d'une même vitesse angulaire ont des vitesses en rapport avec leur taille. Incidemment, à mon avis, le fait que cette propriété, sous sa forme mécanique, soit absente du reste du *corpus* d'Aristote ne parle pas en faveur de l'authenticité du traité.

Les dernières lignes de l'*Introduction* (849b19-850a2) répondent à la question posée en 848b1 de la plus grande précision d'une grande balance. La balance est réduite au cercle ; son support est l'analogue du centre du cercle ; ses deux bras sont des rayons. Supposons des poids égaux ; plus les bras sont longs, plus leur déplacement est rapide et visible, ce qui accroît la précision.

Mais les considérations théoriques n'occupent pas seulement l'*Introduction*. On en trouve aussi dans les problèmes eux-mêmes. D'abord dans le problème 2, consacré tout entier à l'étude du levier. Il est répété à cet endroit que le levier agit comme une balance à bras inégaux ; c'est pour l'auteur l'occasion d'introduire la fameuse loi d'équilibre du levier, qui jouera un rôle important dans le reste du traité : les poids et les bras de levier sont en raison inverse les uns des autres (850b1). Cette propriété est présentée implicitement comme un postulat. Certes, l'auteur essaye d'en donner un début de démonstration : un point plus éloigné du centre décrit un plus

---

124. *Lois*, X, 893c-d.

125. Aristote, *Physique*, VI, 10, 240b15 : « on n'aura pas la même vitesse pour les parties proches du centre que pour celles qui sont extérieures (= qui avoisinent la surface de la sphère) et que pour la sphère entière (= le mouvement de la surface), comme si le mouvement n'était pas unique. » Voir aussi *Du ciel*, II, 8, 289b30 et suiv. : « Il est rationnel que la vitesse d'un cercle plus grand soit supérieure dans le cas de cercles disposés concentriquement. » Ce principe est encore mentionné chez le mécanicien Philon de Byzance, *Manuel d'artillerie* (MARSDEN 1971, p. 122) ; dans le traité de la *Dioptre* d'Héron d'Alexandrie (SCHÖNE 1903, p. 312,20) ; et dans le Livre VIII de la *Collection* de Pappus (HULTSCH 1878, p. 1068,20), qui dit que ce principe a été démontré dans le *Traité des balances* (ouvrage perdu) d'Archimède et dans les *Traités de mécanique* de Philon et d'Héron.

grand cercle, ce qui fait qu'un moteur plus éloigné provoquera un déplacement plus grand. Mais, contrairement à ce qu'on trouve chez Archimède[126], l'essai de démonstration ne contient pas la proportion qui est l'expression mathématique de la propriété en question. – D'autre part, le même problème assimile les prédicats *facile* et *rapide* : « plus le poids est éloigné du pivot, et plus il mouvra *facilement* le levier » (850b2). Cette notion de *facilité* est cardinale dans le traité ; comme il est dit au début de l'*Introduction*, elle fait tout l'intérêt pratique de la mécanique[127]. Dans les problèmes, elle est fréquemment mentionnée en liaison avec un bras de levier plus long. Et même, il ne manque pas de problèmes où la facilité à se mouvoir et la rapidité sont mentionnées conjointement[128].

Le problème 7 propose une autre explication du principe des cercles concentriques inégaux, moins géométrique que dans l'*Introduction* : « Les grands cercles se meuvent plus vite et mettent plus rapidement les poids en mouvement sous l'action d'une force égale, parce que l'angle inscrit dans le grand cercle, si on le compare à l'angle inscrit dans le petit cercle, a une plus grande tendance à tomber (ῥοπή) » (851b37). Mais, sous cette forme, le principe n'est pas utilisé dans les problèmes suivants.

Enfin, il faut mentionner un autre principe, traité à diverses reprises dans les problèmes sous des formes différentes. Ce principe n'est pas désigné par un substantif, mais est exprimé par deux verbes de sens identique : ἀντερείδειν et ἀντιτείνειν (problème 30) « offrir de la résistance ». Il est mentionné pour la première fois dans le problème 7, qui traite de la plus grande facilité des corps circulaires à se mouvoir. Dans les lignes 851b30

---

126. *De l'équilibre des figures planes*, I, 6 : « Des grandeurs commensurables s'équilibrent à des distances inversement proportionnelles à leurs poids. » (MUGLER 1971).

127. 847a18 : « nous appelons *mécanique* la partie de l'art qui nous sert à résoudre les difficultés de cette sorte. »

128. Problème 5 (851b2 : « facilement et rapidement ») ; problème 8 (852a13 : « plus facilement et plus rapidement ») ; problème 21 (854b6 : « plus rapidement... plus... facilement »).

et suiv., il est question d'une caractéristique partagée aussi bien par un cercle en mouvement que par un corps au repos ; dans les deux cas, ces objets demeurent dans leur état (sous-entendu : à condition qu'une force extérieure ne perturbe pas leur mouvement, comme le frottement), parce qu'ils possèdent une faculté que l'auteur qualifie au moyen du verbe ἀντερείδειν « offrir de la résistance ». Même si l'on est encore loin de la forme prise dans le système de Newton, on a là l'expression ancienne la plus proche de ce qui sera appelé la « force d'inertie ». Le même principe est mentionné sous des formes variées dans les chapitres 11 (852b6), 16 (853a23), 18 (853b18), 33 (858a25) et surtout dans le chapitre 30 en entier, qui traite d'abord de la plus grande facilité à mouvoir un corps déjà en mouvement (et pas seulement un cercle), puis mentionne la résistance offerte par un corps en repos.

VI. Les problèmes et leur genre littéraire

La succession des problèmes n'est pas constituée de manière rigoureuse. Il est néanmoins possible de les ranger dans différentes classes[129] ; il est assez fréquent que les éléments d'une même classe se suivent dans la numérotation des problèmes, ce qui fait qu'on peut se demander pourquoi l'auteur n'a pas respecté partout un ordre plus exact ; mais il est possible que l'état primitif ait été démembré et recomposé avant la constitution définitive du traité, ou même que la composition se soit étalée dans le temps et que des problèmes étrangers au noyau d'origine aient été incorporés postérieurement, comme c'est le cas des *Problemata physica* du *corpus* aristotélicien.

a) les machines simples : la balance (1), le levier (2), le coin (16) ;

b) la navigation : l'efficacité des rameurs du milieu (3), le gouvernail (4), la position de la vergue (5), comment naviguer contre le vent (6) ;

---

129. Comme l'a fait LONGO 2003, p. 80-81.

c) les instruments : le mouvement du cercle, application à la roue du char, à la roue de la poulie, à la roue du potier, le principe des cercles concentriques inégaux (7), les grandes poulies, les grands rouleaux, les grandes balances (8), les balances dépourvues de charges, les roues petites et légères (9), les rouleaux (10), la fronde (11), le treuil, le cabestan et leurs manivelles (12), la moufle (17), la hache (18), la statère (19), le davier (20), le casse-noix (21), le puits à balancier (27) ;

d) le mouvement de certaines figures géométriques : le losange (22), la « roue d'Aristote » (23) ;

e) diverses activités de la vie courante expliquées par les principes mécaniques : comment briser un morceau de bois sur le genou (13), le fléchissement des pièces de bois (15), la fabrication de certains types de lits (24), comment porter les pièces de bois (25), la difficulté de porter de longues pièces de bois sur l'épaule (26), comment deux portefaix portent des charges attachés à des perches (28), description du passage de la station assise à la station debout (29) ;

f) objets naturels : l'usure des galets et des coquillages (14) ;

g) les corps en mouvement et la « force d'inertie » : le mouvement des corps déjà mus (30), la cause de la cessation du mouvement des projectiles (31), pourquoi un corps en mouvement continue-t-il à se mouvoir lorsque le moteur est découplé du mû (32), pourquoi les projectiles trop lourds ou trop légers ne vont pas loin (33), le mouvement des corps transportés dans les tourbillons (34).

Cette liste fait voir d'emblée que l'étude des machines en usage à l'époque ne représente qu'une partie du contenu de l'ouvrage, puisqu'elle n'occupe que les sections a), b) et c). On remarquera aussi qu'on ne rencontre pas d'allusion dans le traité à la cinquième machine simple, la vis, qu'on trouve dans le Livre II du *Traité de mécanique* d'Héron. D'autre part, il y a des problèmes qui n'ont apparemment rien à faire dans un traité de ce genre, comme le problème 14 sur l'usure des galets ou le problème 29 sur le passage de la station assise à la station debout ; on devine que l'auteur de ces problèmes a perdu de vue son dessein primitif pour étendre à des situations qui s'y prêtent mal ses méthodes d'explication, la vitesse différentielle des extrémités des rayons des cercles concentriques dans le premier cas, et l'application de la géométrie à des problèmes de mécanique dans le second. Enfin, comme l'auteur ne connaît que le levier du premier genre[130], sa description de l'action de la rame ou du gouvernail d'un navire (problèmes 3 et 4) est forcément inexacte, puisque la rame et le gouvernail sont des leviers du deuxième genre[131]. Même erreur dans la description du morceau de bois brisé lorsqu'on appuie une extrémité sur le sol (deuxième cas du problème 13)

Formellement, les problèmes mécaniques présentent des caractères qui les font entrer dans un genre littéraire bien représenté dans l'Antiquité classique[132]. D'un point de vue linguistique, un *problème* offre deux traits distinctifs. Il est introduit par διὰ τί « pourquoi » ; et, lorsque la réponse à la question est unique, elle débute par ἢ ὅτι « est-ce parce que »[133] ; lorsqu'elle est double (ou multiple), on a évidemment la succession attendue πότερον ὅτι... ἢ ὅτι « est-ce parce que... ou parce que »[134]. Cette caractéristique aide à faire le tri, dans le *corpus* aristotélicien, entre les authentiques

130. Le pivot est entre les deux extrémités, alors que, dans le cas du levier de deuxième genre, le pivot est en une extrémité.

131. HEATH 1949, p. 236.

132. Voir les éditions des *Problemata physica* pseudo-aristotéliciens par FLASHAR 1975, p. 297 et suiv., et par LOUIS 1991, *Introduction*. – Sur le mode d'exposition par questions et réponses dans la médecine grecque, voir IERACI BIO 1995. – Sur la postérité du genre à la Renaissance, voir BLAIR 1999. – On trouvera aussi quelques remarques sur les *Problèmes mécaniques* dans ASPER 2007, p. 74-75.

133. Il ne s'agit pas de la particule interrogative ἤ « est-ce que », mais de la conjonction qui introduit le second terme d'une alternative, ici sous-entendue, d'où la traduction classique retenue. Le tour n'est pas purement rhétorique, même si la réponse qui est donnée a la préférence de l'auteur (mais pas toujours, comme on voit au problème 20).

134. Dans le traité, l'emploi de πότερον n'est pas très fréquent. On le trouve dans les problèmes 11, 20, 25, 31 (quatre branches d'alternative dans ce dernier problème) et 33.

problèmes[135], tels qu'ils sont définis par Aristote dans les *Topiques*[136], et les formes qui pourraient donner l'impression d'être apparentées[137]. Le genre des problèmes, sans doute né avec les Sophistes[138], s'est surtout épanoui dans une encyclopédie d'une richesse exceptionnelle, les *Problemata physica*, qui fait justement partie du *corpus* aristotélicien et dont le fond remonte sûrement à Aristote lui-même[139]. Mais le genre ne s'est pas épuisé avec ce recueil péripatéticien et notre traité. H. Flashar[140] en a classé et étudié les différentes manifestations. Il faut citer tout particulièrement les problèmes de Cassius Felix et ceux qui ont été transmis sous le nom d'Alexandre d'Aphrodise[141].

---

135. Mais on ne réclamera pas partout une fidélité linguistique absolue à ce schéma. Par exemple (LOUIS 1991, p. XXII), on a affaire à de véritables problèmes dans *Génération et corruption* (I, 5, 322a8), dans *De l'âme* (I, 1, 403b7), et dans *Éthique à Nicomaque*, VII, 9, 1151a29, et surtout X, 4, 1175a3.

136. Le *problème* et ses différentes variétés sont définis par Aristote dans les *Topiques*, I, 4, 101b28-37, et 11, 104b1-17. Le schéma formel dont je viens de parler répond exactement à l'esprit de la définition du problème donnée par Aristote.

137. Par exemple, *passim*, dans les *Seconds analytiques*, les *Météorologiques* ou la *Métaphysique* (Louis, *ibid.*)

138. Voir FLASHAR 1975, p. 297 et suiv. : 1. *Die Entstehung der Gattung* « Problemata ». Flashar cite notamment quelques occurrences de problèmes dans le *corpus* hippocratique et signale que Démocrite, d'après la tradition, est le premier à avoir composé un recueil de problèmes (p. 302).

139. Trois volumes aux éditions des Belles Lettres : LOUIS 1991, 1993 et 1994.

140. FLASHAR 1975, p. 359 et suiv. : 4. *Die späteren Problemsammlungen*.

141. IDELER 1841-1842, où l'on trouve les problèmes du médecin Cassius Felix (Ve siècle ap. J.-C. ; cf. FLASHAR 1975, p. 367, n. 3), et ceux qui sont attribués à Alexandre d'Aphrodise.

VII. Histoire du traité et de son influence
de l'Antiquité à nos jours

Dans l'Antiquité, l'ouvrage n'est jamais cité expressément, que ce soit chez les mécaniciens ou dans la littérature non spécialisée. On a même parfois mis en doute l'influence qu'il aurait exercée sur le *Traité de mécanique* d'Héron d'Alexandrie[142]. Il est évident que nous sommes dans un domaine où les recherches sont malaisées et fragiles. Il faut dire cependant que cette influence a été soutenue par d'éminents spécialistes, comme M. Clagett[143], Krafft[144] ou M.E. Bottecchia Dehò[145]. Certes, on n'a pas encore apporté de preuve décisive de la filiation ; mais les ressemblances sont troublantes ; par exemple, rien ne permet de penser que la similitude entre certains problèmes du traité d'Héron et des *Problèmes mécaniques* s'expliquerait mieux par une origine commune[146] ; de même, la différence de traitement entre notre auteur[147] et Héron[148] touchant les principes des cinq machines simples, n'est pas un argument décisif pour écarter

---

142. Voir la critique radicale de MICHELI 1995 (chap. V, *La diffusione delle* Questioni Meccaniche *nel mondo greco-romano*, etc.), qui considère que le traité n'a eu aucune influence sur les auteurs anciens.

143. CLAGETT 1959, chap. I, 3 et suiv.

144. KRAFFT 1970, p. 129 et suiv. – Krafft pense qu'Héron a opéré une synthèse entre les points de vue des *Problèmes mécaniques* et la statique d'Archimède.

145. BOTTECCHIA DEHÒ 2000, chap. I : *Diffusione e tradizione del testo*, p. 7 et suiv. L'étude dresse un état de toutes les recherches contemporaines sur la diffusion du traité et donne une bibliographie abondante.

146. C'est la thèse de MICHELI 1995, p. 118. Les références à Héron seront données dans les notes à la traduction.

147. 848a10 et suiv. : la triple réduction des propriétés des machines simples à celles du levier, de là à celles des balances, puis à celles des cercles.

148. *Traité de mécanique*, II, 7 et 20 : les cinq « puissances », qui sont décrites dans les cinq premières sections du Livre II.

une influence du premier sur le second. Quant à Vitruve, qui est peut-être antérieur à Héron, le plus récent interprète de sa mécanique[149] montre que le chapitre 3 du Livre X a des traits communs avec les *Problèmes mécaniques* et le traité héronien de mécanique.

On n'a pas encore découvert de manuscrits comportant des traductions latines des *Problèmes mécaniques*[150]. Dans le domaine latin, M. Clagett a soutenu l'influence du traité sur les problèmes relatifs au levier dans la troisième partie du *De ratione ponderis* de Jordanus de Nemore (XIIIᵉ s.)[151], notamment sur le problème des portefaix, dont parle aussi Vitruve[152]. Quant au domaine arabe, il présente des analogies avec le domaine latin ; plusieurs savants ont noté l'influence de notre traité sur le *Liber Karastonis* de Thābit ibn Qurra (IXᵉ s.)[153]. Mais, dans un cas comme dans l'autre, il est difficile de savoir si l'influence a été directe ou indirecte ; enfin, on a découvert une traduction arabe partielle du traité[154].

La situation change du tout au tout à la Renaissance, où l'influence du traité a pu se déployer considérablement grâce aux éditions et aux traductions qui ont été faites à la fin du XVᵉ s. et au XVIᵉ s. Le texte grec des *Problèmes mécaniques* a été édité pour la première fois avec tout le *corpus* aristotélicien par Alde Manuce en 1497[155], et les premières traductions latines (faites par des Italiens) sont de 1517 en France et de 1525 en Italie. Une traduction en castillan a été faite

---

149. FLEURY 1993, p. 55 et suiv. Voir aussi CLAGETT 1959, p. 84-85. Les références à Vitruve seront données dans les notes à la traduction.

150. CLAGETT 1959, p. 4, 18 et 71, a examiné l'épineuse question de savoir si les *Problèmes mécaniques* ont été traduits en latin et en arabe au Moyen Âge. Pour l'arabe, son étude est dépassée, cf. *infra*.

151. CLAGETT 1959, p. 83.

152. *Problèmes mécaniques*, n° 28 ; Héron, *Traité de mécanique*, L. I, sections 25 à 30 ; Vitruve, X, 3, 7-9.

153. C'est le nom sous lequel il a été traduit en latin au XIIᵉ s. par Gérard de Crémone. Voir JAOUICHE 1976 et KNORR 1982.

154. ABATTOUY 2000 ; non consulté.

155. Puis chez d'autres éditeurs tout au long du XVIᵉ s.

en 1545[156] ; la traduction italienne de l'ingénieur A. Guarino, faite sur l'édition aldine, a été publiée en 1573. Ces éditions et traductions[157] montrent le puissant mouvement d'intérêt suscité par les textes de mécanique, surtout en Italie, chez les humanistes et les philologues d'abord, éditeurs et traducteurs, puis chez les mathématiciens et les mécaniciens[158]. On se formera une idée de ce mouvement dans les travaux de P.L. Rose, S. Drake et I.E. Drabkin[159]. Il a fallu attendre le triomphe des idées de Galilée pour que les *Problèmes mécaniques* devinssent un pur objet d'histoire[160]. On trouvera aussi

---

156. Celle de Diego Hurtado de Mendoza, dont il a été question plus haut dans la section sur l'auteur du traité : cf. FOULCHÉ-DELBOSC 1898.

157. Je ne parle ici que des *Problèmes mécaniques*. Un hasard malheureux avait fait perdre la trace du *Traité de mécanique* d'Héron, qui n'a été redécouvert qu'à la fin du XIXᵉ s., en arabe. Pour Pappus, le passage qui donnait quelques extraits de ce traité n'a été connu qu'à partir de la première édition du texte de la *Collection* par Commandin à Pesaro en 1588 et à Venise en 1589.

158. Par exemple Maurolico, Cardan, Tartaglia, Guidobaldo del Monte (source des *Meccaniche* de Galilée), etc. ; auxquels on doit ajouter les mathématiciens commentateurs Giovanni Battista Benedetti (BENEDETTI 1585), Bernadino Baldi (BALDI 1621, et Giovanni di Guevara (GUEVARA 1627). Pour la France, il faut citer le mathématicien Henri de Monantheuil (MONANTHEUIL 1599) ; d'après P.L. Rose et S. Drake (ROSE-DRAKE 1971, p. 100), Monantheuil est le plus complet des commentateurs des *Problèmes mécaniques* à la Renaissance.

159. Voir le substantiel article ROSE-DRAKE 1971, qui se termine par une table des principales éditions et traductions de la Renaissance, ainsi que des principaux commentaires. Cet article a été précédé par l'ouvrage DRAKE-DRABKIN 1969, qui présente un certain nombre de textes de la Renaissance, avec une importante *Introduction* ; à la page 391 de ce dernier ouvrage, on trouvera une liste complète des éditions et traductions des *Problèmes mécaniques* faites au XVIᵉ s. ; voir aussi la riche bibliographie générale dans les pages suivantes. On ajoutera les articles DE GANDT 1986 et LAIRD 1986.

160. L'ouvrage mécanique de Galilée a été publié en traduction française par MERSENNE 1634, et dans sa version italienne en 1649 (GALILÉE 1649). Rappelons que son célèbre *Discorsi e dimostrazioni matematiche,*

des renseignements sur les érudits italiens qui ont commenté notre traité dans l'*Introduction* et les notes de l'édition de M.E. Bottecchia Dehò, laquelle a consacré aussi un chapitre entier de son *Introduction* aux rapports de Galilée avec le traité des *Problèmes mécaniques*[161].

À l'époque moderne, une étape importante a été marquée par l'édition commentée de Cappelle[162]. Il s'agit de la première édition critique du texte grec, avec une traduction latine et des notes abondantes ; l'ouvrage reste d'une consultation indispensable ; mais, d'après M.E. Bottechia Dehò, l'édition du texte grec a peu de valeur philologique[163]. Un peu plus tard, Poselger a donné une traduction allemande du traité, précédée d'une utile introduction d'orientation mathématique et de l'examen de quelques problèmes[164]. Après l'édition du *corpus* aristotélicien de Bekker[165], le traité a été repris dans un recueil d'opuscules inauthentiques du *corpus* par Apelt[166] ; le texte des *Problèmes mécaniques* est fondé sur les manuscrits utilisés par Bekker et l'édition de Cappelle. Le XXe siècle n'a vu que la publication de l'édition de W.S. Hett[167] avant celle de M.E. Bottecchia Dehò. Récemment enfin a été publiée une traduction en catalan, faite sur un texte révisé, introduite et brièvement annotée par A. Presas i Puig et J. Vaqué Jordi, *Aristótil. Questions mecàniques*, publiée à Barcelone en 2006[168].

---

intorno a due nuove scienze attenenti alla mecanica e i movimenti locali a été publié à Leyde en 1638 (GALILÉE 1638).

161. Voir aussi BOTTECCHIA DEHÒ 1977. La traduction manuscrite est étudiée par le même auteur dans BOTTECCHIA DEHÒ 1982).

162. CAPPELLE 1812.

163. BOTTECCHIA DEHÒ 1977, p. 44.

164. POSELGER 1832, p. 57-92.

165. *Aristoteles Graece*, édité par BEKKER 1831a.

166. APELT 1888.

167. HETT 1936.

168. Ces deux auteurs semblent pencher pour l'authenticité, comme l'indique aussi le titre.

VIII. Note sur le texte grec

Les figures jointes à la traduction sont inspirées de celles de mes prédécesseurs. Ma traduction doit beaucoup à celles de mes devanciers, Cappelle, Poselger, E.S. Forster[169], Hett et P. Ortiz García[170], sans oublier celle de M.E. Bottecchia Dehò, que recommandent les travaux conduits depuis longtemps par l'auteur sur les *Problèmes mécaniques*, et dont les notes explorent les richesses des commentateurs italiens de la Renaissance. Ma traduction est évidemment fondée sur son édition[171] ; mais, comme son texte est très conservateur, au point qu'il est parfois difficile de lui trouver un sens convenable, il m'a paru réclamer quelques émendations ou propositions d'émendation, relevées dans la liste suivante et le plus souvent commentées dans les notes à la traduction. Le lemme suivi d'un crochet fermant est la leçon de l'édition de 2000 de M.E. Bottecchia Dehò ; les sigles des manuscrits sont les siens ; enfin, même si une émendation qui se trouve dans un manuscrit a été reprise ou retrouvée par un érudit, je ne cite que le manuscrit.

Sigles employés :
H[a]   Marcianus gr. 214
L   Vaticanus gr. 253
L[v]   Leidensis Voss. gr. Q. 25
Par   Parisinus gr. 2115
P   Vaticanus gr. 1339
P[t]   Parisinus gr. 2507

848a2   καὶ περιφερής] fortasse delendum Federspiel
848a29   A] AB Par

169. FORSTER 1913.
170. ORTIZ GARCIA 2000.
171. J'entends par là BOTTECCHIA DEHÒ 2000, qui est pourvu d'une traduction et de notes substantielles. Le texte de cette édition présente quelques différences avec celui de l'édition BOTTECCHIA DEHÒ 1982, précédée d'une étude de la tradition manuscrite.

849a1	αὐτὴν ἀπὸ] αὐτὴν <ἐπὶ τὴν> ἀπὸ Federspiel
849a34	κάθετον] κάθετος Hett Presas i Puig et Vaqué Jordi
849b3	ἡ μὲν γὰρ κατὰ φύσιν φορὰ ἴση, ἡ δὲ παρὰ φύσιν ἐλάττων· ἡ δὲ ΒΥ τῆς ΖΧ ἐλάττων] fortasse delendum Federspiel
850a17	τοῦ ἐν ᾧ ΘΠ] τῷ ἐν ᾧ ΘΠ Federspiel
850a29	τοῦ ἐν ᾧ τὸ Κ] τῷ ἐν ᾧ τὸ Κ (vel etiam ΚΛΘ) Federspiel
852b10	βολή] fortasse delendum Federspiel
852b22	ξύλον] fortasse ξύλου cum Forster legendum
853a25	τῷ μοχλῷ] del. P
853b1	μιᾶς] μικρᾶς HᵃL
853b34	πλάστιγγος] φάλαγγος Par
853b39	κινουμένων] κειμένων Federspiel
853b39	ὥστε] οἷος Cappelle
854b1	ὑφ'ὧν] del. Forster
855a11	αὐτὴ] αὐτὸ Pᵗ
855b12-13	ἐφ' ᾧ] ἐφ' ἧς Cappelle Apelt
855b24	τὸ μεῖζον] τοῦ μείζονος Par
856a14	post μείζων comma pro puncto inser. Forster
856a14-5	ὁποτεροσοῦν] ὁποτερωσοῦν Forster
856b23	ἐν ἴσοις] haec verba omni sensu carentia inter cruces in versione gallica inser. Federspiel
856b28	ΑΓ] ΒΓ HᵃLPar
857b26	οὐ γὰρ ὅτι] οὕτω γὰρ Monantholius[172] Cappelle
857b30	γίνεσθαι] γίνεται Lᵛ
858a1	ἴσης] εὐθείας HᵃL
858b18	τὸ αὐτὸ] <οὐ> τὸ αὐτὸ Cappelle Forster

---

172. H. de Monantheuil.

PARTIE II
DES LIGNES INSÉCABLES

Le *Traité des lignes insécables* est un des rares textes grecs de quelque étendue[173] et à contenu partiellement mathématique, antérieur aux *Éléments* d'Euclide[174], qui nous ait été conservé. Même si le contenu proprement mathématique de l'ouvrage n'offre qu'un intérêt limité, l'indigence de notre documentation mathématique pour l'époque préeuclidienne suffit à le rendre précieux. Pourtant, l'intérêt majeur de l'ouvrage est qu'il complète les indications données par Aristote sur les débats qui ont agité les disciples de Platon à propos de la structure ultime des grandeurs mathématiques. Le texte ayant été transmis dans un état déplorable, il n'est sans doute pas étonnant qu'il n'ait pas fait jusqu'ici l'objet d'études aussi nombreuses que d'autres traités du *corpus* aristotélicien.

---

173. Il faut mettre à part tous les brefs *loci mathematici* que la patience des historiens a extraits de l'ensemble de la littérature grecque.

174. Du moins sous la forme des *Éléments* qui nous a été transmise ; les historiens ont montré que, loin d'être unifié, le texte euclidien des *Éléments* était constitué d'apports divers par l'âge et par l'esprit. Les autres documents sont : le passage sur la quadrature des lunules par Hippocrate de Chios, qui est un extrait de l'*Histoire de la géométrie* d'Eudème conservé dans le commentaire de Simplicius à la *Physique* d'Aristote (DIELS 1882, p. 60,22-68,32) ; le passage mathématique relatif à l'arc-en-ciel dans les *Météorologiques* d'Aristote (III, 5 ; si ce texte est bien d'Aristote lui-même) ; le traité de mécanique conservé dans le *corpus* aristotélicien ; et enfin, les deux petits traités astronomiques d'Autolycus de Pitane, *La sphère en mouvement* et *Les levers et couchers héliaques*.

I. Histoire du traité de l'Antiquité
à l'époque contemporaine[175]

En préliminaires, il faut dire quelques mots de la *quaestio vexata* de l'auteur du traité. Les Anciens déjà avaient des doutes sur la paternité d'Aristote, puisque certains auteurs ont attribué le traité à Théophraste[176]. Les Modernes n'ont pas fait beaucoup de progrès par rapport aux Anciens. Le seul point assuré de la critique contemporaine est qu'il ne s'agit pas d'un ouvrage authentique d'Aristote. Certains Modernes ont ajouté le nom de Straton ou d'Eudème à celui de Théophraste ; mais, plus récemment, on paraît s'orienter prudemment vers l'idée que le traité a été écrit par un péripatéticien de la génération de Xénocrate[177]. J'imiterai cette réserve louable, et laisserai pendante la question de l'auteur. Pour la date de composition, on n'est pas beaucoup plus avancé, mais les interprètes pensent généralement qu'il a pu être écrit dans la seconde moitié du IVe s., c'est-à-dire à une date relativement ancienne.

Il semble que le traité ait été commenté une fois à l'époque byzantine par Michel d'Ephèse[178], mais ce commentaire n'a pas encore été retrouvé ; en revanche, on ne connaît pas

---

175. J. Bertier a consacré une notice à ce traité : BERTIER 2003b.

176. Les témoignages anciens et byzantins ont été rassemblés par HARLFINGER 1971, p. 96 et suiv.

177. C'est déjà le cas de HIRSCH 1953, p. 121 et suiv. J'ai pu consulter un exemplaire de cette importante thèse dactylographiée grâce à l'amabilité des services de la Bibliothèque universitaire de Heidelberg. – Les Anciens attribuent unanimement la théorie des lignes insécables à Xénocrate, le deuxième successeur de Platon à la tête de l'Académie, après Speusippe. Il a vécu dans les années 400-314. Leurs témoignages ont été réunis dans le recueil HEINZE 1892, p. 173-178, et, plus récemment, dans ISNARDI PARENTE 1982, p. 100-111. On notera cependant que ces témoignages ne sont pas tous indépendants les uns des autres.

178. Disciple de l'érudit Michel Psellus, il aurait vécu dans les années 1050-1120.

de commentaire arabe. L'époque byzantine a aussi fourni la paraphrase du grand érudit Georges Pachymère[179]. Cette paraphrase est contenue dans le Livre XII et dernier de son abrégé de la philosophie d'Aristote[180]. En grec, seules les paraphrases de la logique et *Des lignes insécables* ont été publiées. Par mégarde[181], c'est précisément cette paraphrase du traité qui a été éditée dans l'*editio princeps* d'Aristote, c'est-à-dire l'Aldine de 1497, au lieu du texte même d' « Aristote ». Cette paraphrase est principalement faite d'une introduction générale, d'extraits plus ou moins longs du texte original[182], pris surtout dans les deux premières parties, et de résumés ; quelques adjonctions et modifications rendent le texte plus lisible et ont été interpolées dans les éditions imprimées du traité authentique.

Dans le domaine médiéval latin, il faut signaler trois ouvrages[183]. D'abord la *Translatio* de Robert Grosseteste[184], à ma connaissance pas encore rééditée depuis la fin du XVᵉ siècle. Puis la paraphrase d'Albert le Grand, placée à la suite de sa paraphrase du Livre VI de la *Physique* d'Aristote, publiée avec les œuvres complètes d'Albert[185] ; cette paraphrase, dont la source est la *translatio* de Grosseteste, regroupe des citations textuelles ou presque du traité, pourvues d'explications et de compléments.

---

179. Le plus grand érudit de son temps ; il a vécu de 1242 à environ 1310. L'étude de cette paraphrase forme le chapitre V de l'ouvrage HARLFINGER 1971.

180. Ce Livre contient aussi les paraphrases du *Traité des couleurs* et du *Traité des Problèmes mécaniques*. HARLFINGER 1971, p. 345, signale qu'une traduction latine de l'ensemble de l'ouvrage a été publiée par D. Ph. Becchius à Bâle en 1560.

181. Voir HARLFINGER 1971, p. 346.

182. Environ la moitié du texte primitif se retrouve dans la paraphrase de Pachymère, qui est un peu plus longue que le texte transmis par la tradition manuscrite.

183. Ils sont étudiés dans le chapitre VI de l'ouvrage HARLFINGER 1971.

184. Il a vécu dans les années 1175-1253.

185. Voir HARLFINGER 1971, p. 368.

Enfin, la traduction de Martianus Rota[186], publiée en 1552[187] et reproduite dans l'édition Bekker[188] ; tant que les sources manuscrites de Rota ont été ignorées, sa traduction offrait de l'intérêt pour la constitution du texte ; cet intérêt a disparu avec l'étude de D. Harlfinger[189].

La bévue de l'Aldine a été reproduite sans contrôle dans les trois éditions suivantes d'Aristote. C'est donc seulement dans l'édition d'Aristote procurée par Henri Estienne en 1557 qu'on trouve l'*editio princeps* du *Traité des lignes insécables*. Au texte de son manuscrit, Estienne a ajouté de nombreuses corrections et conjectures dont plusieurs sont confirmées par le reste de la tradition, qu'il ignorait ; il a aussi utilisé la paraphrase de Pachymère, mais avec plus ou moins de bonheur, au point que certaines interpolations provenant de Pachymère se sont retrouvées dans le texte original jusque dans l'édition d'Apelt[190]. D'après D. Harlfinger[191], le texte procuré par Estienne a été reproduit presque sans changements dans les éditions suivantes d'Aristote, jusqu'à l'édition de Bekker de 1831, fondée sur plusieurs manuscrits.

Malgré les corrections qu'elle apporte au donné manuscrit, l'édition de Bekker est à peu près inutilisable telle quelle. Il a fallu attendre l'édition d'Apelt, à la fin du XIXe s., pour avoir un texte lisible, sinon satisfaisant. À l'exception de W. Hirsch[192], les philologues qui se sont attachés ensuite à l'étude du texte du traité n'ont pratiqué, par la force des choses, que l'art de la conjecture[193]. En effet, c'est seulement depuis l'ouvrage capital

---

186. Deuxième quart du XVIe s.

187. Dans le tome 7 de l'édition latine d'Aristote publiée à Venise, ROTA 1552.

188. BEKKER 1831a, p. 474-476.

189. Elle occupe les pages 371-379 de HARLFINGER 1971.

190. APELT 1888.

191. P. 389-390.

192. HIRSCH 1953 a étudié plusieurs manuscrits.

193. Aux travaux cités dans les notes précédentes et à la liste des traductions annotées qu'on trouvera un peu plus loin dans le texte principal, il faut ajouter HAYDUCK 1874, SCHRAMM 1957, et FEDERSPIEL 1981.

de D. Harlfinger qu'on dispose d'une histoire complète de la tradition du texte du traité. Cette étude ne dispense pas de faire des conjectures, puisque l'archétype perdu auquel est remonté D. Harlfinger est lui-même déjà plein de fautes ; mais nous savons maintenant que toute étude sur le texte devra faire la part trop belle à l'art de la conjecture pour qu'on ait jamais l'espoir de constituer un texte sur lequel pourraient s'accorder les interprètes[194]. Il reste néanmoins à donner une édition moderne du traité, qui s'écartera sensiblement, souligne D. Harlfinger[195], de celle d'Apelt.

Pour la traduction et les notes, j'ai tiré le plus grand parti des traductions annotées qui ont été proposées depuis le XIXe s., et dont voici la liste[196] :

O. Apelt, « Die Widersacher der Mathematik im Altertum », dans *Beiträge zur Geschichte der griechischen Philosophie*, Leipzig 1891, p. 253-286 (APELT 1891).

H.H. Joachim, *De lineis insecabilibus. The Works of Aristotle, Translated into English*, vol. 2, Oxford 1908 (JOACHIM 1908), réédition dans *The Complete Works of Aristotle. The Revised Oxford Translation* (éd. J. Barnes), Princeton 1984, vol. 2 (cette réédition est fondée sur le texte de TIMPANARO-CARDINI 1970).

W.S. Hett, *Aristotle. Minor Works*, Londres 1936 (HETT 1936).

M. Timpanaro Cardini, *Pseudo-Aristotele. De lineis insecabilibus*, Milan-Varese 1970 (TIMPANARO CARDINI 1970).

P. Ortiz García, *Aristóteles. Sobre las lineas indivisibles, etc.*, Madrid 2000 (ORTIZ GARCIA 2000).

---

194. C'est ainsi que la traduction que je propose moi-même est celle d'un texte personnel et forcément conjectural. Voir à la fin de cette *Introduction* la liste des modifications que je propose au texte de l'édition APELT 1888.

195. P. 396 et suiv.

196. Avec mes prédécesseurs, je n'ai pas tenu compte de la traduction GOHLKE 1957.

II. Le plan du traité

L'ouvrage se laisse assez facilement diviser en trois parties principales.

Première partie (968a1-968b21) : les cinq arguments des partisans des lignes insécables.

— Le peu et le petit, qu'on trouve dans toute quantité, admettent un nombre fini de divisions, ce qui impose l'existence d'une grandeur dépourvue de parties.

— Dans l'intelligible, l'Idée de la ligne est forcément indivisible.

— Dans le sensible, les éléments des corps sont forcément indivisibles.

— L'argument zénonien de la dichotomie implique l'existence d'une ligne insécable.

— Dans les mathématiques, la commensurabilité des lignes implique l'existence d'une mesure commune, qui est sans parties.

Deuxième partie (968b21-971a5) : Réfutation de la théorie des lignes insécables.

1) La réfutation des cinq arguments précédents (968b21-969b28).

2) Autres preuves, tirées des mathématiques (969b28-971a5).

a) Première série de cinq preuves (969b29-970a19).

b) Seconde série de onze preuves : la ligne insécable ne jouit d'aucune des propriétés de la ligne en général (970a19-971a5).

Troisième partie (971a6-972b33) : Réfutation de trois théories du point et de la ligne.

1) La ligne ne peut pas être constituée de points (971a6-972a30).

2) Le point ne peut pas être conçu comme l'élément le plus petit de la ligne (972a30-972b24).

3) Le point ne peut pas être conçu comme une articulation indivisible (972b25-972b33).

On voit que la troisième partie ne concerne pas directement la théorie des lignes insécables. Mais l'unité du traité n'est pas vraiment menacée par l'adjonction de cet appendice. En effet, de l'aveu même de l'auteur (971a6), cette section consacrée au point commence par rassembler des arguments déjà utilisés dans la réfutation des lignes insécables. Ensuite, il y a plusieurs passages de l'œuvre d'Aristote où il n'est pas fait de distinction entre les grandeurs insécables et les points, évidemment parce qu'il s'agit dans les deux cas d'indivisibles[197]. Comme la réfutation des lignes insécables prend une bonne partie de ses arguments dans les grandes œuvres d'Aristote, *Physique*, *Métaphysique* et *Du ciel*, il a pu sembler naturel, au sein du Lycée, de consacrer un ouvrage entier à des discussions qui ne sont pas sans lien entre elles dans les œuvres du Maître. Au total, ce petit traité réunit et coordonne dans une même œuvre un certain nombre de vues d'Aristote émises dans le cadre de la polémique de l'époque sur le thème de la structure des grandeurs mathématiques et physiques.

---

197. *Du ciel*, III, 1, 299a25-299b23 ; *Physique*, VI, 1, 231a24-b1 : ἀδύνατον ἐξ ἀδιαιρέτων εἶναί τι συνεχές, οἷον γραμμὴν ἐκ στιγμῶν, εἴπερ ἡ γραμμὴ μὲν συνεχές, ἡ στιγμὴ δὲ ἀδιαίρετον. Οὔτε γὰρ ἓν τὰ ἔσχατα τῶν στιγμῶν (οὐ γάρ ἐστι τὸ μὲν ἔσχατον τὸ δ᾽ ἄλλο τι μόριον τοῦ ἀδιαιρέτου), οὔθ᾽ ἅμα τὰ ἔσχατα· οὐ γάρ ἐστιν ἔσχατον τοῦ ἀμεροῦς οὐδέν· ἕτερον γὰρ τὸ ἔσχατον καὶ οὗ ἔσχατον. Ἔτι δ᾽ ἀνάγκη ἤτοι συνεχεῖς εἶναι τὰς στιγμὰς ἢ ἁπτομένας ἀλλήλων, ἐξ ὧν ἐστι τὸ συνεχές· ὁ δ᾽ αὐτὸς λόγος καὶ ἐπὶ πάντων τῶν ἀδιαιρέτων « Il est impossible qu'un continu soit composé d'indivisibles, par exemple, que la ligne soit composée de points, s'il est vrai que la ligne est un continu et le point un indivisible. En effet, il est impossible que les extrémités des points soient un, puisque, pour l'indivisible, il n'y a pas d'une part l'extrémité, et d'autre part une autre partie, ni que les extrémités soient ensemble, puisqu'il n'existe aucune extrémité de ce qui est sans parties ; en effet, l'extrémité est autre chose que ce dont elle est l'extrémité. En outre, il est nécessaire que les points composant le continu soient ou bien continus ou bien en contact entre eux ; même raisonnement pour tous les indivisibles. »

III. Les adversaires que se donne l'auteur du traité

Il n'y a pas à s'étonner qu'ils ne soient pas nommés. C'est une particularité qu'on retrouve dans d'autres petits traités du *corpus* aristotélicien, par exemple dans le *Traité du souffle*, le *Traité des sons* ou le *Traité des couleurs*. À l'époque de la composition de ces traités, ou tout au moins de leur version originale, il est possible que les adversaires étaient encore en vie ; en tout cas, ils étaient forcément bien connus des lecteurs de ces opuscules.

A) Les tenants de la théorie des lignes insécables

La tradition ancienne désigne unanimement Xénocrate, le deuxième successeur de Platon à la tête de l'Académie, après Speusippe. On trouve le nom de Xénocrate chez les commentateurs d'Aristote, Alexandre d'Aphrodise, Simplicius, Thémistius, Philopon et Syrianus, ainsi que chez Proclus et dans des scolies à Aristote[198]. Certes, ces témoignages ne sont pas tous indépendants, mais les Modernes n'ont pas cru devoir mettre en doute leur valeur documentaire. J'emploierai moi-même le nom de Xénocrate, sans guillemets.

Mais, à propos de la théorie des lignes insécables, Aristote mentionne le nom de Platon et pas celui de Xénocrate[199] : « Platon combattait ce genre [= le point] comme étant une conception géométrique, et appelait les lignes insécables

---

198. Voir *supra*, n. 5. On pourra consulter une synthèse récente sur Xénocrate dans KRÄMER 1971 ainsi que l'article DILLON 2003.

199. *Métaphysique*, A, 9, 992a20-22 : Τούτῳ μὲν οὖν τῷ γένει καὶ διεμάχετο Πλάτων ὡς ὄντι γεωμετρικῷ δόγματι, ἀλλ᾽ ἐκάλει ἀρχὴν γραμμῆς – τοῦτο δὲ πολλάκις ἐτίθει – τὰς ἀτόμους γραμμάς. Il faut aussi ajouter *Métaphysique*, M, 8, 1084b1, où Aristote énumère les premiers principes qui, dans la philosophie platonicienne, engendrent les autres grandeurs jusqu'à la Décade : ἡ πρώτη γραμμή, <ἡ> ἄτομος « la première ligne, la ligne insécable ».

« principe de la ligne », comme il le répétait à diverses reprises. » Il est difficile de récuser tout uniment le témoignage d'Aristote. Mais, comme, dans les œuvres de Platon qui nous ont été transmises, on ne trouve aucune allusion à la théorie des lignes insécables, les interprètes doivent supposer qu'il s'agit d'une des doctrines orales de Platon, développées lors de la dernière phase de sa philosophie ; dans cette hypothèse, Xénocrate aurait recueilli cette doctrine de la bouche de Platon lui-même. Un Moderne comme K. Gaiser, qui, après les travaux pionniers de Robin[200], a contribué au renouvellement des recherches sur ces doctrines ésotériques de Platon, s'est efforcé de rapprocher la théorie des lignes insécables de Platon de sa théorie des principes, c'est-à-dire de certains aspects de son ontologie tardive. Même le cinquième argument en faveur des lignes insécables, qui est l'argument proprement mathématique, est interprété en ce sens par Gaiser[201], qui explique qu'il n'y aurait pas chez Platon de contradiction entre la théorie mathématique des grandeurs irrationnelles et sa propre conception des lignes insécables, où l'accent est mis sur la séparation ontologique entre la ligne en soi et la ligne mathématique entrant dans les surfaces et les solides. Même si, compte tenu des lacunes de notre information, les développements de Gaiser n'emportent pas forcément l'adhésion, il faut reconnaître que la doctrine des lignes insécables soutenue par Platon ne pouvait en aucun cas se réduire à une théorie mathématique ; elle ne devait pas non plus s'opposer aux théories mathématiques de l'époque. Le passage cité plus haut, où Aristote prête à Platon l'idée que le point est une « conception géométrique », va dans ce sens. En effet, Platon fait aux mathématiques leur part, en reconnaissant aux mathématiciens le droit de définir le point, mais se place sur un plan où, prise en soi, la Ligne ne peut avoir comme principe qu'une ligne et pas un point ; en niant, en définitive, que la ligne puisse être constituée de points, il reste dans le droit fil de l'orthodoxie mathématique. Bien

---

200. ROBIN 1908.
201. GAISER 1963, p. 158 et suiv.

entendu, si l'on soutient le caractère résolument ontologique de la théorie des lignes insécables, telle qu'elle a été inventée par Platon, on est obligé de reconnaître non seulement que les réfutations mathématiques qu'on trouve dans notre traité[202] sont inadaptées, mais encore que les critiques qu'Aristote dirige contre la théorie de Platon reposent sur un malentendu.

Mais toute cette reconstruction se heurte à des obstacles considérables. Nous ne savons pas dans quelle mesure la liste des cinq arguments mis en tête de notre traité reproduirait une doctrine inspirée par Platon[203] ; notamment, il est tout à fait possible que Xénocrate lui ait donné un caractère beaucoup moins ontologique. Si c'est le cas, les arguments logiques et mathématiques qui font l'essentiel de notre traité prennent un sens. Nous ne savons pas non plus si c'est un membre de l'Académie qui a dressé la liste des cinq arguments à des fins scolaires en puisant dans divers ouvrages de Xénocrate, ou si c'est le réfutateur lui-même qui les a empruntés à Xénocrate[204]. Dans le même ordre d'idées, W. Hirsch a émis l'hypothèse fort vraisemblable que celui qui a conçu les arguments n'est généralement pas la personne qui les a rédigés[205].

B) Les autres adversaires

La troisième partie du traité, consacrée à la réfutation de plusieurs théories du point et de la ligne, ne rentre plus dans le cadre strict de la théorie des lignes insécables, comme indiqué plus haut. Il semble que l'auteur se donne ici d'autres adversaires.

Dans le cas de la première théorie, celle qui constitue la ligne au moyen de points, il est sans doute judicieux de rappeler le

---

202. Voir aussi les arguments de Proclus (Friedlein 1873, p. 278 et suiv.), qui, dans la ligne de la réfutation du cinquième argument, dit que l'incommensurabilité mathématique réfute la théorie des lignes insécables.

203. Il est sûr en tout cas que le troisième argument, sur l'indivisibilité des éléments des corps sensibles, ne peut pas être d'origine platonicienne.

204. Krämer 1971, chap. IV, *Epikurs Lehre vom Minimum*, p. 337.

205. Hirsch 1953, p. 68 et suiv.

contexte d'une controverse menée au sein du Lycée contre les Platoniciens[206]. Le successeur de Platon à la tête de l'Académie, Speusippe[207], avait soutenu sur la composition des grandeurs géométriques des propositions qui tendent à faire du point la substance ultime en laquelle se résolvent toutes ces grandeurs[208]. Ces thèses ont été combattues à diverses reprises par Aristote[209]. Il est d'ailleurs très probable que Speusippe a réélaboré des thèses pythagoriciennes[210]. On ne peut donc exclure que, dans cette première sous-section de la troisième partie, l'adversaire principal de l'auteur soit le platonicien Speusippe. – Quant aux deux autres définitions qui terminent le traité, sur le point comme l'élément le plus petit de la ligne et le point comme articulation indivisible, on est toujours en quête de leur auteur. Mais, pour ce qui est de la dernière définition, celle du point comme articulation, il faut mentionner Aristote qui, lorsqu'il traite de la marche des êtres vivants, appelle « points » les membres servant à la locomotion[211], et même, dans le cas de poissons dépourvus de nageoires et des serpents[212], assimile les endroits où se font

---

206. HIRSCH 1953, p. 114, qui n'exclut pourtant pas une source pythagoricienne ; la candidature de Speusippe est soutenue avec de bons arguments par TIMPANARO CARDINI 1970, p. 31 et suiv.

207. On pourra consulter deux recueils des fragments commentés de Speusippe : ISNARDI PARENTE 1980 et TARÁN 1981.

208. Un fragment de son livre *Sur les nombres pythagoriques* a été conservé dans les *Théologoumènes* du Pseudo-Jamblique : DE FALCO 1922, p. 82,10 et suiv. – GAISER 1963, p. 377, attribue un caractère platonicien à la théorie qui compose la ligne au moyen de points, mais sans la rapporter à Platon lui-même.

209. Voici les principaux passages. *Gén. et corr.*, I, 2, 316b3 et suiv. ; *Mét.*, M, 9, 1085a31 et suiv. ; N, 3, 1090b5 et suiv. ; *Phys.*, IV, 8, 215b16 et suiv. ; VI, 1, 231a24 et suiv.

210. Voir TARÁN 1981, p. 358 et suiv.

211. *Histoire des animaux*, I, 5, 490a26 ; *Parties des animaux*, IV, 12, 693b8 ; *Marche des animaux*, 1, 704a10 ; 7, 707a18.

212. *Histoire des animaux*, I, 5, 490a31 ; *Parties des animaux*, IV, 13 696a13 ; *Marche des animaux*, 7, 707b8 ; *Mouvement des animaux*, 1, 698a21 ; 8, 702a25.

les flexions (καμπαί) de leur corps à des points[213]. Or les organes locomoteurs sont rattachés au corps par des articulations, et les flexions sont des articulations. Naturellement, l'adversaire visé ne peut être Aristote, mais cette assimilation de l'articulation à un point, fréquente chez le Stagirite, était probablement un thème débattu à l'époque.

IV. L'origine de la théorie des lignes insécables

Les lacunes de notre documentation rendent hasardeuse la reconstruction du processus qui a conduit certains membres de l'Académie à soutenir l'existence des lignes insécables dans le domaine mathématique. La voie de recherche la plus prometteuse semble être celle de M. Timpanaro Cardini[214], qui a replacé la théorie des lignes insécables dans le cadre plus général de l'évolution des doctrines sur la structure des grandeurs physiques et mathématiques au cours des Ve et IVe siècles. Les Modernes ont soutenu des opinions forcément très divergentes sur le rôle joué par les grands acteurs de ce processus et sur la manière dont les thèmes de recherche ont pu se constituer et réagir les uns sur les autres au cours du Ve siècle av. J.-C. Pour dire les choses à grands traits, il faut citer d'abord les Pythagoriciens et leur arithmétisation du cosmos, à une époque où il était encore impossible de séparer la mathématique et la physique ; leur géométrie supposait forcément que les lignes étaient toutes commensurables entre elles, même dans le cas de la mesure de la diagonale du carré, et donc composées d'éléments ultimes, les points ; mais, en même temps, le

---

213. Voir aussi *Mouvement des animaux*, 10, 703a11-14 : Τοῦτο δὲ πρὸς τὴν ἀρχὴν τὴν ψυχικὴν ἔοικεν ὁμοίως ἔχειν ὥσπερ τὸ ἐν ταῖς καμπαῖς σημεῖον, τὸ κινοῦν καὶ κινούμενον, πρὸς τὸ ἀκίνητον « La relation du souffle avec le principe qu'est l'âme semble être du même ordre que celle du point, à la fois moteur et mû, qu'on trouve dans les articulations, avec le point immobile ».

214. TIMPANARO CARDINI 1970, p. 10 et suiv.

processus de la dimidiation réitérée des grandeurs menait à l'idée de leur divisibilité indéfinie. Puis vint la réaction éléate et notamment les attaques de Zénon, probablement dirigées contre les Pythagoriciens eux-mêmes et leur double postulation de la commensurabilité et de la divisibilité indéfinie de toutes les lignes[215]. Plus tard, on assiste à la constitution d'une physique atomiste par Leucippe et Démocrite. Parallèlement, sous l'impulsion de savants comme Hippocrate de Chios et Eudoxe, les mathématiques firent des progrès substantiels, qui ont culminé avec la doctrine du Livre X des *Éléments*, où l'on trouve un traitement solide de l'irrationalité.

Si l'on veut maintenant cerner plus précisément l'origine de la théorie des lignes insécables, on doit s'attacher à un passage de la *Physique* d'Aristote qui semble décisif pour le sujet[216] : « D'aucuns ont accordé quelque chose aux deux théories, à l'une, selon laquelle tout est un si l'être signifie une chose, on accorde que le non-être existe, à l'autre, qui opère avec la dichotomie, on répond en inventant des grandeurs insécables. » La théorie de l'univocité de l'être dont il est question en premier est celle de Parménide ; quant aux auteurs visés dans la seconde partie, ce sont très probablement des Platoniciens comme Xénocrate, et pas les atomistes Démocrite et Leucippe[217]. Pour la dichotomie, Simplicius, dans son commentaire à la *Physique*[218] l'attribue sans hésiter à Zénon, en se fondant sur le témoignage d'Alexandre d'Aphrodise. On remarquera que ce passage d'Aristote est assez proche du quatrième argument développé en tête de notre traité. Aristote dit

---

215. CAVEING 1982, *passim* et particulièrement p. 159 et suiv.

216. *Physique*, I, 3, 187a1-3 : ἔνιοι δ᾽ ἐνέδοσαν τοῖς λόγοις ἀμφοτέροις, τῷ μὲν ὅτι πάντα ἕν, εἰ τὸ ὂν ἓν σημαίνει, ὅτι ἔστι τὸ μὴ ὄν, τῷ δὲ ἐκ τῆς διχοτομίας, ἄτομα ποιήσαντες μεγέθη.

217. Comme certains l'ont soutenu. Ce sont en revanche les atomistes qui sont visés dans le passage parallèle de *Génération et corruption*, I, 2, 316a14 et suiv., où il est question de la division par le milieu (κατὰ τὸ μέσον).

218. DIELS 1882, p. 134,2 et suiv.

explicitement que la théorie des lignes insécables a été inventée pour échapper aux conséquences de la divisibilité illimitée des grandeurs. M. Caveing[219] interprète ce passage de la *Physique* en disant que la dichotomie illimitée des grandeurs physiques les résout en une infinité d'éléments sans grandeur ; donc l'une des solutions possibles est qu'il faut mettre un terme à la division et poser des grandeurs insécables[220] ; ou, pour dire les choses autrement[221] : la doctrine des lignes insécables a été forgée pour esquiver les conséquences de l'argument zénonien en récusant maladroitement une prémisse qui n'est pas attaquable, à savoir que toute grandeur est divisible, c'est-à-dire possède des parties. Les commentateurs d'Aristote[222] abondent dans le même sens.

V. Présence d'Aristote dans le traité

Il n'entre pas dans le cadre de cette *Introduction* de donner une étude synthétique de la critique menée par Aristote contre la théorie des lignes insécables, ni de ses vues sur les rapports entre le point et la ligne. Pourtant, avant d'examiner l'utilisation qui est faite d'Aristote dans le *Traité des lignes insécables*, il n'est pas inutile de passer rapidement en revue les principaux aspects de la position d'Aristote.

Aristote mentionne et critique la théorie des lignes insécables et la composition des grandeurs au moyen de points dans quatre grands traités principalement : *Du ciel, De la génération et de*

---

219. CAVEING 1982, p. 13.

220. L'autre solution étant de nier la divisibilité de l'être.

221. CAVEING 1982, p. 69.

222. Cités dans les recueils de HEINZE 1982 et d'ISNARDI PARENTE 1982. Ce dernier auteur a commenté avec précision les témoignages présentés. Mais il manque, me semble-t-il, une monographie indépendante sur la manière dont les commentateurs d'Aristote traitent le sujet des lignes insécables.

la corruption, *Physique* et *Métaphysique*[223]. Les contextes étant très différents les uns des autres, on n'attendra pas de lui une présentation et une réfutation unifiées.

Dans le *Traité du ciel*, le sujet est abordé presque uniquement dans le long passage III, 1, 298b33-300a12[224]. Cette section est destinée à réfuter la théorie de la structure discontinue de la matière dans le *Timée* (53c-55c), en montrant que cette théorie physique est incompatible avec les mathématiques. L'argumentation procède de la manière suivante : comme, dans la théorie aristotélicienne des mathématiques, les objets mathématiques ne sont pas séparés de la matière, mais seulement pensés

---

223. Il existe encore ailleurs deux brèves mentions de la théorie des lignes insécables : a) *Topiques*, IV, 1, 121b17-23 : ταὐτὸν γὰρ πάντων τῶν ἀδιαφόρων εἴδει γένος· ἂν οὖν ἑνὸς δειχθῇ, δῆλον ὅτι πάντων, κἂν ἑνὸς μή, δῆλον ὅτι οὐδενός. Οἷον εἴ τις ἀτόμους τιθέμενος γραμμὰς τὸ ἀδιαίρετον γένος αὐτῶν φήσειεν εἶναι· τῶν γὰρ διαίρεσιν ἐχουσῶν γραμμῶν οὐκ ἔστι τὸ εἰρημένον γένος, ἀδιαφόρων οὐσῶν κατὰ τὸ εἶδος· ἀδιάφοροι γὰρ ἀλλήλαις κατὰ τὸ εἶδος αἱ εὐθεῖαι γραμμαὶ πᾶσαι « toutes les choses qui n'offrent pas de différence spécifique ont le même genre ; si donc on démontre qu'il appartient à l'une d'elles, il est clair qu'il appartient à toutes ; et si l'on démontre qu'il n'appartient pas à l'une d'elles, il est clair qu'il n'appartient à aucune. C'est ce qui se passe, par exemple, si l'on suppose qu'il existe des lignes insécables et que l'on dise que le genre indivisible leur appartient ; en effet, le genre susdit n'appartient pas aux lignes qui admettent la division, alors que, selon l'espèce, elles ne sont pas différentes spécifiquement, puisque toutes les lignes droites ne sont pas spécifiquement différentes entre elles. » b) *De la sensation et des sensibles*, 6, 445b17-20 (dans le cadre de la divisibilité infinie ou non des sensations) : ἅμα δ᾽ εἰ ταῦτ᾽ ἔχει οὕτως, ἔοικε μαρτυρεῖν τοῖς τὰ ἄτομα ποιοῦσι μεγέθη· οὕτω γὰρ ἂν λύοιτο ὁ λόγος. ἀλλ᾽ ἀδύνατα· εἴρηται δὲ περὶ αὐτῶν ἐν τοῖς λόγοις τοῖς περὶ κινήσεως « En même temps, s'il en est ainsi, cela paraîtrait donner raison aux partisans des grandeurs insécables ; cela résoudrait le problème ; mais c'est une chose impossible, car cela a été dit dans les études sur le mouvement ».

224. J'ai analysé cet extrait dans l'introduction à ma traduction du *Traité du ciel* [[Cf. le premier volume de cette série aristotélicienne par M. Federspiel, *Introduction*, section III.]]

comme séparés, par un processus d'abstraction[225], la réfutation
de la théorie mathématique est en même temps la réfutation de
la théorie physique[226]. Les arguments d'Aristote ne sont donc pas
tous utilisables par l'auteur de notre traité, notamment l'argument
fondé sur le fait que les points sont dépourvus de poids.

Dans le *Traité de la génération et de la corruption*, les adversaires d'Aristote ne sont plus Platon, mais les atomistes. Dans
la section I, 2, 316a10-317a13, l'auteur fait une critique[227] de la
division à l'infini des grandeurs, qui aboutirait à un néant d'être
absolu ou à des points, ainsi que, corrélativement, une critique
de la composition des grandeurs au moyen de points. Voilà qui
explique, selon Aristote, la théorie de Démocrite et de Leucippe
d'une matière composée de grandeurs insécables, les atomes. Mais
Aristote ne dit nulle part que les atomistes ont effectivement tenu
ce raisonnement[228] ; en outre, il est étrange de le voir tout à la fois
féliciter Démocrite de raisonner en physicien[229] et réfuter la divisibilité à l'infini des corps physiques par un raisonnement qui ne
relève pas de la physique ; le procédé, comme dans *Du ciel*, repose
en effet sur la conception qu'avait Aristote des mathématiques.

Les allusions à la théorie des grandeurs ou lignes insécables,
à la divisibilité à l'infini potentielle des grandeurs mathématiques, à l'impossibilité de la composition des grandeurs au
moyen de points, à la théorie du continu mathématique, sont
dispersées un peu partout dans la *Physique*, mais se trouvent
surtout au Livre VI : réfutation de la divisibilité des grandeurs
continues en indivisibles, et, corrélativement, de la composition
du continu au moyen d'indivisibles (VI, 1, 231a21-b18, et 2,

---

225. Par exemple *De l'âme*, I, 1, 403b14 ou III, 7, 431b12.

226. *Du ciel*, III, 1, 299a13 : « Les impossibilités qui se rencontrent
dans les mathématiques seront aussi présentes dans les êtres naturels. »
[[Voir le commentaire de M. Federspiel à *Du ciel*, 299a10, dans le premier
volume de cette série aristotélicienne.]]

227. La critique est substantiellement identique à ce qu'on lit en *Physique*, VI, 1, 231a24.

228. Ce point est souligné par CHERNISS 1935, p. 113.

229. En 316a13.

233b15 et suiv.) ; il faut ajouter à cela les considérations sur les concepts de contact, de consécutivité et de contiguïté (V, 3), mis en œuvre dans la théorie du continu et repris dans notre traité.

C'est dans la *Métaphysique* que le thème des lignes insécables est le moins fréquent. On peut relever le passage A, 9, 992a20, déjà mentionné, où il est dit que Platon appelait le point « une conception géométrique » (γεωμετρικὸν δόγμα) et la ligne insécable « le principe de la ligne »[230] ; il faut citer aussi les deux passages B, 4, 1001b11 et b18, qui signalent l'impossibilité de composer la ligne au moyen de points.

Cette brève revue explique que l'auteur du traité puise précisément les éléments de sa réfutation dans *Du ciel*, *Physique*, *Génération et corruption* et *Métaphysique*. En voici l'essentiel[231].

L'ouvrage d'Aristote qui fournit les emprunts les plus intéressants est la *Physique*. Citons d'abord la liste commentée des concepts préparatoires à la théorie du continu que sont ἅμα εἶναι « être ensemble », ἅπεσθαι « être en contact » et ἐφεξῆς εἶναι « être consécutif »[232]. Ces concepts sont utilisés dans la première sous-section de la troisième partie, consacrée à la réfutation de la théorie qui compose la ligne au moyen de points. Chez Aristote, en *Physique*, V, 3, 226b23 tout au moins, les concepts sont employés dans toute leur généralité, alors que leur extension est bornée aux points dans le *Traité des lignes insécables*. Mais l'utilisation de ces concepts est sans doute une des parties les plus intéressantes du traité. Son auteur fait même preuve d'originalité lorsqu'il ajoute à cette liste le concept de *juxtaposition*, exprimé au moyen de la préposition ἐπί + génitif. Ensuite, il faut mentionner l'utilisation judicieuse qui est faite d'Aristote[233] pour réfuter le quatrième argument des partisans des lignes insé-

---

230. Je suis le texte de l'édition de JAEGER 1957.

231. On trouvera le détail des emprunts ou des imitations dans les notes à la traduction. HIRSCH 1953, p. 117 et suiv., donne une liste très détaillée des emprunts.

232. *Physique*, V, 3, 226b23 et suiv. Voir aussi VI, 1, 231b2 et suiv., qui donne une définition du contact plus proche de celle de notre traité.

233. *Physique*, VI, 2, 233a21 et suiv. et 4, 235a10 et suiv.

cables, qui prétendent que la dichotomie zénonienne implique nécessairement l'existence des lignes insécables[234].

L'auteur de notre traité puise à deux reprises dans *Du ciel*, III, 1, 298b33-300a12[235]. Il s'agit d'abord du passage 299b23-31, sur l'impossibilité de constituer une surface en mettant des lignes bord à bord et de constituer des corps en empilant des surfaces. Pourtant, non seulement le sens de l'argument aristotélicien est détourné par l'auteur, mais encore l'intérêt de ce larcin est nul ; en effet, de ce passage d'Aristote, l'auteur retient seulement que, s'il y a deux manières de mettre deux lignes ordinaires en contact, côte à côte ou bout à bout, il n'y en a qu'une pour des lignes insécables (970a19-21) (c'est-à-dire « bout à bout »), ce qui prouve que les lignes insécables ne jouissent pas des propriétés des lignes ordinaires. En revanche, le recours à *Du ciel*, III, 1, 299a5 et suiv., est très pertinent[236] ; l'auteur reprend le thème aristotélicien récurrent de l'impossibilité de « renverser les mathématiques, sauf à le faire au moyen d'arguments plus dignes de foi que leurs fondements ».

Les emprunts spécifiques à *Génération et corruption* et à la *Métaphysique* se réduisent à peu de choses. Citons, en 971a22, l'idée qu'une somme de points, n'occupant pas plus d'espace, ne peut pas produire de grandeur ; il s'agit sans doute d'une reprise écourtée de *Génération et corruption,* I, 2, 316a29-34. Quant à la *Métaphysique*, le Livre N fournit l'indication précieuse que le premier argument des partisans des lignes insécables (968a2 et suiv.), c'est-à-dire l'argument du Grand et du Petit, est effectivement utilisé par ceux qu'Aristote appelle les « Platoniciens ». On mentionnera encore incidemment les deux *loci* parallèles de M, 2, 1076b5-6, sur la division du corps en surfaces et de la surface en lignes, et N, 3, 1090b6-7 sur la propriété du point d'être l'extrémité de la ligne[237].

---

234. 969a26 et suiv.

235. SCHRAMM 1957, p. 54, est trop prudent. La connaissance qu'a notre auteur du Livre III de *Du ciel* me paraît avérée.

236. En 969b31. Voir aussi la note à ce passage.

237. Respectivement en 971a3 et 971a19. Mais il se peut qu'il s'agisse d'une rencontre fortuite.

Le *Traité des lignes insécables* présente la particularité intéressante d'être le petit traité du *corpus* pseudo-aristotélicien qui reflète le plus exactement la doctrine d'Aristote sur un point précis, puisqu'il est fait en bonne partie d'une collection d'extraits des grandes œuvres du Stagirite. Cette collection me paraît généralement judicieusement composée, sauf dans le cas de l'extrait de *Du ciel* relatif aux deux modes de composition des lignes.

Mais, dans les différentes formes que prend sa critique des lignes insécables et des thèmes apparentés, Aristote prend rarement ses armes dans les mathématiques. Il se contente de certains acquis sur la divisibilité à l'infini, du moins en puissance, des grandeurs mathématiques, sur la définition du point euclidien, sur la dimension unique de la ligne et les deux dimensions de la surface. En revanche, l'auteur du *Traité des lignes insécables* est davantage intéressé par les mathématiques de son temps, comme on va le voir.

VI. L'utilisation des mathématiques

Les thèmes mathématiques apparaissent à plusieurs endroits de l'ouvrage. D'abord dans l'exposition du cinquième argument[238] : Xénocrate y montre une certaine connaissance du contenu du Livre X des *Éléments* d'Euclide ; ensuite, dans la réfutation de cet argument (969b6 et suiv.), qui se fonde sur la doctrine implicite de ce Livre : il n'est pas vrai que toutes les lignes soient commensurables entre elles[239].

Dans la deuxième partie, qui puise expressément ses arguments dans les mathématiques, sont d'abord regroupés cinq arguments auxquels on peut faire correspondre des textes mathématiques repérables. Ces arguments, qui opèrent généralement

---

238. L'exposition du 5ᵉ argument fait appel à des notions mathématiques non triviales, l'apotomé et la binomiale, qu'on rencontre dans le Livre X des *Éléments*, respectivement dans les propositions 73 et 36.

239. Voir aussi 969b33 et suiv.

par l'absurde, montrent que la théorie des lignes insécables est
incompatible avec les acquis de la mathématique de l'époque :
a) Les définitions de la ligne et de la droite ne s'appliquent
pas à la ligne insécable (969b31) ; b) l'existence des lignes
insécables impliquerait la disparition de l'incommensurabilité
linéaire et de l'incommensurabilité quadratique (969b33) ; c) la
ligne insécable ne se prête pas à la théorie de l'application des
aires (970a4)[240] ; d) impossible de construire des polygones élémentaires (triangle équilatéral et carré) sur des lignes insécables
(970a8) ; e) le problème de la duplication du carré, résolu dans
le *Ménon* de Platon, est impossible avec un carré construit sur
une ligne insécable (970a14)[241].

Vient ensuite une autre série d'arguments visant tous à montrer que la ligne insécable ne peut être rangée dans la catégorie
mathématique de la ligne en général. Ces arguments ont généralement des correspondants dans les textes d'Aristote ; on y
retrouve la doctrine aristotélicienne du continu, dont les éléments
principaux sont les suivants : la division d'une grandeur géométrique, poussée aussi loin qu'on voudra, n'aboutit pas à des
éléments indivisibles ; un continu n'est donc pas composé d'indivisibles, et une sommation d'indivisibles ne peut engendrer un
continu (par exemple, une ligne n'est pas composée ni de lignes
insécables, ni de points) : a) les lignes insécables ne peuvent être
mises en contact que bout à bout, et non côte à côte (970a19) ;
b) mises bout à bout, elles ne donnent pas une ligne plus grande,
puisqu'elles sont dépourvues de parties (970a21) ; c) l'addition
de deux lignes insécables ne produit pas un continu (970a23) ;
d) on ne peut pas couper une ligne composée de lignes insécables
en lignes égales et inégales comme on fait d'une ligne ordinaire

---

240. Sur la théorie de l'application des aires, qui commence en *Éléments*, I, 44, on consultera les notices fournies par B. Vitrac dans sa traduction commentée des *Éléments* (VITRAC 1990, p. 276 et suiv. et p. 377
et suiv.).

241. Autre façon de dire que le théorème de Pythagore n'est pas valide
dans le cas d'un triangle rectangle isocèle dont les cathètes sont des lignes
insécables.

(970a26) ; e) la ligne insécable ne peut comporter des extrémités, car elle serait divisée (970b10) ; f) elle ne peut comporter des points, car elle serait divisible : une ligne composée de lignes insécables ne comporterait donc pas de points (970b14) ; g) la ligne insécable n'a pas de point pour limite (970b23) ; h) l'idée d'un carré construit sur une ligne insécable est contradictoire : il doit être insécable, comme son côté, mais, possédant deux dimensions, il est par là divisible (970b21) ; i) même raisonnement pour le corps : l'idée d'un corps insécable est contradictoire, puisqu'il possède forcément trois dimensions (970b30).

Certains de ces arguments sont expressément repris au début de la troisième partie pour réfuter l'idée que la ligne n'est pas composée de points, notamment : a) si la ligne était composée de points, elle ne pourrait pas être coupée à la fois en lignes égales et inégales (971a7) ; b) une sommation de points ne produit pas une grandeur (971a20).

VII. Un raisonnement logique particulier

M. Schramm[242] a relevé brièvement quelques occurrences du vocabulaire logique employés par le réfutateur :

— en 969a23 et suiv., à l'occasion de sa réfutation du troisième argument, le réfutateur accuse l'adversaire de commettre une *pétition de principe*[243].

— en 972a18 et suiv., dans un passage qui ne comporte pas de réfutation à proprement parler, le réfutateur mentionne la relation κατὰ συμβεβηκός « par accident », si fréquente chez Aristote qu'on ne s'étonnera pas de sa présence dans l'ouvrage ;

---

242. SCHRAMM 1957, p. 52.

243. Voir les notes *ad locum* ; le paralogisme de la pétition de principe est répertorié dans les *Réfutations sophistiques* d'Aristote, 5, 167a36-39 (ROSS 1958) : « Les paralogismes qui comportent la pétition de principe se produisent de la même manière et d'autant de façons qu'il est loisible de demander ce qui est posé au début ; ils donnent l'impression de réfuter en jouant sur l'incapacité de voir conjointement le même et l'autre. »

— enfin, et ceci est beaucoup plus intéressant, on trouve en 969a17 et suiv., au cours de la réfutation du deuxième argument, la mention de l'ἔλαττον ἀξίωμα[244]. Il semble que ce concept soit un *hapax* dans le *corpus* aristotélicien.

Mais mon propos est d'examiner ici un type de raisonnement logique qu'on trouve sous une forme achevée[245] à deux reprises dans le traité. Il entre dans la catégorie générale des paralogismes ; c'est une « réfutation sophistique », au sens que donne Aristote à cette expression dans son célèbre ouvrage[246]. Il ne semble pas qu'il ait été noté par Aristote, qui le classerait sans doute parmi certains types de raisonnements éristiques dont il est question dans les *Réfutations sophistiques* et les *Topiques*[247].

La structure générale des deux arguments est la suivante. Le réfutateur prête à l'adversaire deux hypothèses contradictoires. La première est l'hypothèse effectivement soutenue par l'adversaire, celle de l'existence des lignes insécables, la seconde est une hypothèse dont il est dit qu'elle s'impose à tous (donc au tenant des lignes insécables). Or la ruse dialectique consiste dans le fait que la deuxième hypothèse ne peut en aucune façon être acceptée par l'adversaire, puisqu'elle est incompatible avec la doctrine des lignes insécables. Toute l'habileté du réfutateur est donc d'habiller la seconde hypothèse de manière à ce que la contradiction avec la thèse des lignes insécables ne soit pas immédiatement visible. De ces deux hypothèses en réalité contradictoires résulte une absurdité, qui prouve l'inexistence des

---

244. Voir la note *ad locum*.

245. Ce raisonnement opère aussi en sous-main dans les arguments de type mathématique ; en effet, les preuves mathématiques que le réfutateur oppose à son adversaire sont en réalité inopérantes, puisque, en dernière analyse, les tenants des lignes insécables refusent que les propriétés des figures mathématiques soient encore valides à l'échelle infinitésimale.

246. DORION 1995, p. 15 et suiv.

247. *Réfutations sophistiques*, 2, 165b8 (voir les notes de DORION 1995), et *Topiques*, I, 1, 100b23-25 : « Éristique est le raisonnement qui part d'idées qui semblent admises, alors qu'elles ne le sont pas ».

lignes insécables. On voit que le réfutateur est sûr de gagner à tous les coups, puisque c'est lui qui écrit la scène.

Les deux passages se trouvent l'un dans la réfutation du premier argument (968b25-969a5)[248], où le tenant des lignes insécables soutenait que la petitesse de certaines lignes ne leur permet pas de comporter une infinité de divisions ; l'autre, à propos de la division d'une ligne en parties égales et inégales (970a26-33)[249].

Voici le premier passage[250] : « En outre, à supposer que la ligne composée soit faite de lignes insécables, c'est en tenant compte du nombre de ces dernières qu'on peut la qualifier de petite. – *Et elle comprend une infinité de points* ; or, en tant que ligne, elle admet une division à l'endroit d'un point ; et toute ligne non insécable doit admettre une infinité de divisions réparties indifféremment sur n'importe quel point ; or certaines de ces lignes sont petites. – *Et les rapports sont en nombre infini* ; or il est possible de couper toute ligne non insécable selon un rapport prescrit. » – La réfutation comporte trois ὁμολογούμενα, ou assertions sur lesquelles les partenaires sont censés être d'accord. Le réfutateur feint d'abord d'accepter l'existence des lignes insécables et d'entrer dans le jeu de l'adversaire : une ligne composée de peu de lignes insécables sera dite petite. Viennent ensuite les deux pseudo-ὁμολογούμενα que j'ai soulignés et qui forment le second volet de la ruse dialectique ; on voit qu'ils sont structurellement à la même place et ont donc une fonction identique. D'abord, tout le monde admet que les toutes les lignes comportent une infinité de points, donc une infinité de divisions, même les petites lignes ; notez

---

248. FEDERSPIEL 1981, p. 505-506.
249. FEDERSPIEL 1992a.
250. Voici le texte grec que je lis : Ἔτι δ' εἰ ἐν τῇ συνθέτῳ γραμμῇ ἄτομοί εἰσι γραμμαί, κατὰ τούτων τῶν ἀτόμων λέγεται τὸ μικρόν. – Καὶ ἄπειροι στιγμαὶ ἐνυπάρχουσιν· ἢ δὲ γραμμή, διαίρεσιν ἔχει κατὰ στιγμήν, καὶ ὁμοίως καθ' ὁποιανοῦν ἀπείρους ἂν ἔχοι διαιρέσεις ἅπασα ἡ μὴ ἄτομος· ἔνιαι δὲ τούτων εἰσὶ μικραί. – Καὶ ἄπειροι οἱ λόγοι· πᾶσαν δὲ τμηθῆναι τὸν ἐπιταχθέντα δυνατὸν τὴν μὴ ἄτομον.

comment la ruse se dissimule : le réfutateur évite soigneusement de parler *d'abord* d'une infinité de divisions, qui est le mot employé par son adversaire, lequel pourrait d'emblée refuser ce pseudo-ὁμολογούμενον, mais passe par le détour des points, dont l'adversaire n'a pas parlé dans sa présentation du premier argument. Ensuite, tout le monde admet qu'une ligne quelconque peut être coupée en deux selon une infinité de rapports ; la conclusion implicite est qu'une ligne comporte une infinité de divisions ; mais le réfutateur se garde bien d'énoncer cette conclusion, qu'il laisse à la discrétion de l'adversaire, mais passe par le détour de la section d'une ligne.

La première partie du second passage prend la forme du dilemme suivant[251] : « A) En outre, si toute ligne, sauf la ligne insécable, est divisible en parties égales et inégales, elle se divise en parties inégales même si elle n'est pas composée de trois ou, en général, d'un nombre impair de lignes insécables, de sorte que la ligne insécable sera divisible. – B) Il en ira de même si la ligne est coupée en deux parties égales ; en effet, toute ligne, même si elle est composée d'un nombre impair de lignes insécables, < peut être divisée en deux parties égales >. » – L'argument est particulièrement elliptique ; voici une présentation qui en explicite les sous-entendus. S'il existe une unité minimale insécable, toute ligne en comporte un nombre pair ou impair : 1) Soit une ligne paire : elle doit pouvoir être divisée en deux lignes inégales différant aussi peu qu'on voudra l'une de l'autre ; mais, pour un partisan des lignes insécables, il y a, entre deux lignes inégales, une différence minimale qui est égale à une ligne insécable ; on coupera donc une ligne composée de n (= pair) lignes insécables de façon, par exemple, que la plus petite soit égale à $(n-1)/2$ et la plus grande à $(n+1)/2$; d'où la coupure d'une ligne « insécable » (sous-entendu : ce qui est impossible). 2) Inversement, soit une ligne impaire : elle

---

251. 970a26-30. Voici le texte grec tel que je le lis : Ἔτι εἰ ἅπασα γραμμὴ παρὰ τὴν ἄτομον καὶ εἰς ἴσα καὶ ἄνισα διαιρεῖται, εἰς ἄνισα διαιρεῖται καὶ μὴ ἐκ τριῶν ἀτόμων καὶ ὅλως περιττῶν, ὥστε διαιρετὴ ἡ ἄτομος. Ὁμοίως δὲ κἂν εἰ δίχα τέμνεται· πᾶσα γὰρ κἂν ᾖ ἐκ τῶν περιττῶν.

doit pouvoir être divisée en deux lignes égales, ce qui coupe la ligne « insécable » cause de l'imparité (sous-entendu : ce qui est impossible). – Le pseudo-ὁμολογούμενον qui gouverne toute l'argumentation est le suivant : tout le monde admet qu'une même ligne peut être divisée en parties inégales ou égales. La ruse dialectique consiste à prétendre que cette admission vaut aussi pour les lignes composées de lignes insécables, ce qui entraîne des conséquences absurdes. Très habilement, le réfutateur prend l'adversaire dans le filet de la dialectique du pair et de l'impair[252]. Ainsi, dans la première branche du dilemme, où l'on suppose une ligne composée d'un nombre pair de lignes insécables, le réfutateur impose tacitement que les deux parties inégales obtenues diffèrent aussi peu qu'on voudra l'une de l'autre, ce que ne peut évidemment accepter un tenant des lignes insécables, pour lequel il y a précisément une différence minimale entre deux lignes composées. Dans la seconde branche du dilemme, où l'on suppose une ligne composée d'un nombre impair de lignes insécables, on voit immédiatement qu'il est impossible de couper une telle ligne en parties égales.

Bien entendu, un partisan des lignes insécables objectera que la division en parties égales ne peut se faire que dans le cas de la ligne « paire ». C'est ce que prévoit la seconde partie de l'argument (970a30-33)[253], qui n'apporte rien de neuf, mais forme une sorte d'appendice : « Mais, si < l'on objecte que > toute ligne ne peut pas être coupée en deux parties égales, à l'exception de celle qui est faite d'un nombre pair de lignes insécables, < on

---

252. Il y a un passage parallèle dans Proclus (FRIEDLEIN 1873, p. 277,25 et suiv.), où l'on retrouve sous une forme abrégée la même dialectique du pair et de l'impair pour réfuter l'existence des lignes insécables. Il semble que, d'après l'expression employée par Proclus en 278,12, il ait emprunté cet argument à Géminus, qui l'a probablement reçu de la tradition. Cf. TIM-PANARO CARDINI 1970, p. 35 et suiv.

253. 970a30-33 : Εἰ δὲ δίχα μὲν μὴ πᾶσα τέμνεται, ἀλλὰ ἡ ἐκ τῶν ἀρτίων, τὴν δὲ δίχα διαιρουμένην καὶ εἰς ἄνισα δυνατὸν τέμνειν, διαιρεθήσεται καὶ οὕτως ἡ ἄτομος, ὅταν ἡ ἐκ τῶν ἀρτίων εἰς ἄνισα.

répondra qu' > une ligne divisée en deux parties égales (= la ligne 'paire') peut aussi être coupée en deux parties inégales, et alors la ligne insécable sera aussi divisible, quand la ligne composée d'un nombre pair de lignes insécables sera divisée en parties inégales. » – La fonction de cette partie est la suivante : si l'adversaire récuse le second argument de la première partie, le réfutateur le renvoie au premier ; on devine que, s'il avait récusé le premier argument, il aurait été renvoyé au second ; c'est évidemment le même ὁμολογούμενον que précédemment qui gouverne cette partie : toute ligne peut être divisée en parties égales et inégales.

Je trouve ces deux arguments logiques fort intéressants, non seulement dans leur structure, mais aussi pour les réflexions qu'ils suggèrent sur la signification du traité. Nous n'avons pas, si elle a jamais existé, la réponse des tenants des lignes insécables[254]. Mais on peut supposer qu'ils n'auraient éprouvé aucune difficulté à réfuter nombre d'objections de type logique, même les arguments éristiques comme ces deux-là. Le réfutateur pouvait-il vraiment croire à la solidité d'un certain nombre de ses arguments ? Cela me paraît peu vraisemblable. C'est pour cela que, avec d'autres[255], je suggèrerais volontiers que, dans ce traité, nous avons affaire à un exercice d'école à thème imposé, où le réfutateur devait faire montre de sa virtuosité dialectique et de certaines connaissances mathématiques.

---

254. TIMPANARO CARDINI 1970, p. 38, se dit persuadée de l'existence d'un ouvrage soutenant l'existence des lignes insécables. Il faut d'ailleurs distinguer entre un ouvrage où aurait puisé notre auteur, et un ouvrage qui serait la réponse à celui qu'on peut lire.

255. Par exemple, HEATH 1921, p. 347, imagine qu'Aristote aurait pu proposer à l'un de ses disciples l'exercice consistant à réfuter Xénocrate. TIMPANARO CARDINI 1970, p. 38, y voit un ensemble de discussions scolastiques, pouvant servir de base à des exercices dialectiques dans l'école péripatéticienne.

VIII. Note sur le texte grec

Je signale ici les endroits où je m'écarte du texte d'Apelt, à l'exception de la ponctuation. Un certain nombre des leçons que j'ai adoptées ont été déjà proposées par des philologues auxquels je dois beaucoup et dont on trouvera le nom, ainsi que ce qui leur revient, dans mon article cité plus haut ou dans les notes à la traduction. La précieuse étude de D. Harlfinger a fourni une grande partie des émendations proposées ci-dessous. Le lemme suivi d'un crochet fermant est la leçon de l'édition d'Apelt ; vient ensuite le texte que je traduis.

968a 8	ἅπασιν ἐνυπάρξει] ἅπαντι ὑπάρξει
968a 14	σώματός ἐστι] σώματος ἔστι
968a 23-24	πεπερασμένῳ χρόνῳ τὸ] πεπερασμένῳ τὸ
968b 5	ἄτομος γραμμή. Ἔτι] ἄτομος. Ἔτι
968b 7	μετρούμεναι, πᾶσαί εἰσι σύμμετροι] σύμμετροι, πᾶσαί εἰσι μετρούμεναι
968b 10-11	ὥστε μέρους τινὸς εἴη διπλασίαν τὴν ἡμίσειαν] ὥστε τοῦ μέτρου ἂν εἶναι ἴσον διπλασίῳ τὸ ἥμισυ
968b 14	τὸ δ᾽ αὐτὸ] τὸ αὐτὸ δὲ
968b 16-8	ἀλλὰ μὴν εἴ τι τμηθήσεται μέτρον τινὰ τεταγμένην καὶ ὡρισμένην γραμμήν] ἀλλὰ μὴν εἰ μετρηθήσεται μέτρῳ τινὶ τεταγμένη καὶ ὡρισμένη γραμμή
968b 19-20	ὧν δυνάμεις ῥηταί, οἷον ἀποτομὴ ἢ ἡ ἐκ] ὧν αἱ διαιρέσεις δυνάμει ῥηταί, οἷον ἀποτομὴ ἢ ἐκ
968b26	ἐν τοῖς συμμέτροις γραμμαί εἰσι γραμμαί] ἐν τῇ συνθέτῳ γραμμῇ ἄτομοί εἰσι γραμμαί
969a 2-3	διαίρεσις κατὰ στιγμήν, καὶ ὁμοίως καθ᾽ ὁποιανοῦν· ἀπείρους οὖν ἔχοι] διαίρεσιν ἔχει κατὰ στιγμήν, καὶ ὁμοίως καθ᾽ ὁποιανοῦν ἀπείρους ἂν ἔχοι

969a 4-5	τὸν ἐπιταχθέντα λόγον. Ἔτι] τὸν ἐπιταχθέντα. Ἔτι
969a 6-7	ἢ τὸ πεπερασμένας] ἢ πεπερασμένας
969a 21	πάλιν δὲ τῶν] πάλιν δὲ ἐπὶ τῶν
969a 24	μᾶλλον δὲ ὅσῳ μᾶλλον τὸ] μᾶλλον δὲ ὅσῳ τὸ
969a 25-26	σῶμα καὶ μῆκος] σῶμα μήκους
969a 32	ἅπτεσθαι τῶν ἀπείρων τὴν] ἐφάπτεσθαι τὴν
969b 11-12	συμμετρων κοινὸν μέτρον εἶναι ἀξιοῦν] συμμέτρων ἔτι κοινὸν μέτρον ἀξιοῦν
969b 12	τὸ καὶ τὰς] τὸ κατὰ τὰς
969b 13	φάσκοντες] φάσκοντας
969b 15	πολλαχῇ] πολλαχῶς
969b 15-16	τρόπον διαφυγεῖν] τρόπον ἀδύνατος διαφυγεῖν
969b 16	διὰ μὲν τὸν] διὰ τὸν
969b 20	εἶθ᾽ ὑποτείνειν] εὐθὺς τέμνειν
969b 24	γραμμὰς] post hoc verbum ἀναγκάζει vel aliquid tale inservi
970a 3	σύμμετροι πᾶσαι μήκει] σύμμετροι μήκει
970a 4	ἔσται] ἐστι
970a 4	ἡ] τὸ
970a 5	παραβαλλομένη] παραβαλλόμενον
970a 6	καὶ τῆς ποδιαίας] delevi
970a 10	μέσην] μέσον
970a 27	διαιρεῖται, κἂν ᾖ ἐκ] διαιρεῖται, εἰς ἄνισα διαιρεῖται καὶ μὴ ἐκ
970a 28	ἔσται] ὥστε
970a 29	γὰρ ἡ ἐκ] γὰρ κἂν ᾖ ἐκ
970a 31	καὶ ὁσαοῦν δυνατὸν] καὶ εἰς ἄνισα δυνατὸν
970b 3-4	ἀναιρεθήσεται] ἀνευρεθήσεται
970b 6	post τμηθήσεται lacunam suspicor, quam eiusmodi verbis explendam censeo : <Ὁμοίως δὲ εἰ ἐκ ἀρτίων τὸ μῆκος>
970b 7-8	εἰ δ᾽ ὁμοίως τοῖς χρόνοις τμηθήσονται, οὐκ] οὐδ᾽ ὁμοίως τοῖς χρόνοις τμηθήσονται, εἰ
970b 19	τῶν στιγμῶν ἔσται μεταξὺ] μεταξὺ τῶν στιγμῶν ἔσται

970b 21sq.　vide infra adnotationem ad locum
970b 27-28　πέρας τῶν] πέρας εἶναι τῶν
971a 9　ἴσα ἢ ἡ ἐξ ἀρτίων τὰ ἄνισα] εἰς ἴσα ἢ ἐξ ἀρτίων
　　　εἰς ἄνισα
971a 22　ἐπὶ] ἔτι
971a 24　εἰ δὲ τῇ γραμμῇ] ἐν δὲ τῇ γραμμῇ
971a 26　ἅπαντα] ἅπαν
971a 27　ὅλον ὅλου] ὅλη ὅλης
971a 27　τινὶ τινὸς] τί τινος
971a 29　ἢ θάτερον] ἢ θάτερον
971b 7　ἀλλήλοιν] ἀλλήλων
971b 8　ἐφέξει] ἐφέξουσι
971b 8-9　τοῦ Κ, καὶ ἁπτόμεναι στιγμαὶ] τῷ Κ· καὶ τοῦ
　　　Κ ἁπτόμεναι αἱ στιγμαὶ
971b 11　πρῶτα] πρώτῳ
971b 13　ἑτέρας] τῆς ἑτέρας
971b 13　ΚΓ] ΚΔ
971b 13　ΓΔ] ΚΔ
971b 19-20　τὴν γραμμὴν στιγμῶν· οὐδὲ γάρ] τὴν γραμμὴν
　　　ἐκ στιγμῶν· οὕτω γὰρ
971b 27-28　ἐφεξῆς ἅπτεσθαι] ἐφεξῆς ὂν ἅπτεθαι
971b 31　ἢ εἶναι γραμμὴν μὴ συνεχῇ] ἢ μὴ εἶναι γραμμὴν
　　　συνεχῆ
972a 1-2　Ἔτι εἰ ἄτοπον στιγμὴ ἐπὶ στιγμῆς, ἵν᾿ ἢ γραμμὴ
　　　καὶ ἐπὶ στιγμῇ, ἐπεὶ ἡ γραμμὴ ἐπίπεδον] ex Ap.
　　　apparatu textum sic restitutum recepi : Ἔτι εἰ
　　　ἄτοπον στιγμὴν ἐπὶ στιγμῆς εἶναι (ἢ γραμμὴν
　　　καὶ ἐπὶ στιγμῆς, ἐπὶ δὲ γραμμῆς ἐπίπεδον)
972a 8-9　αἱ δὲ γραμμαὶ ἐκ στιγμῶν] ut glossema
　　　Pachymeri delevi
972a 10-11　εἴησαν στοιχεῖα] εἴησαν τὰ στοιχεῖα
972a 15　τὸ ᾧ προσετέθη] τὸ γινόμενον
972a 17　ἔσται ἄρα] ὥστε ἔσται
972a 22-23　γραμμῆς γραμμὴν ἐγχωρεῖ ἀφαιρεῖν] γραμμῆς
　　　ἐνδέχεται γραμμὴν ἀφαιρεῖν
972a 28　στιγμῆς] στιγμή
972a 33　τὸ δὲ ἐλάχιστον] τὸ ἐλάχιστον

972b 6-7	ἐλάχιστον. Καὶ ἄλλ' ἄττα ἐνυπάρχει] ἐλάχιστον ἢ καὶ ἄλλ' ἄττα ἐνυπάρξει
972b 18	οἰκίᾳ, μήτε <πρὸς τὴν οἰκίαν συμβάλλεται μήτε> τῆς οἰκίας] οἰκίᾳ, μὴ τῆς οἰκίας
972b 23	γὰρ] δὲ
972b 26	ὅρος, ἡ δὲ στιγμὴ] ὅρος <(διὸ καὶ Ἐμπεδοκλῆς ἐποίησε « δύο δεῖ », ὀρθῶς)>, ἡ δὲ στιγμὴ
972b29	πως ἐστίν, διὸ καὶ Ἐμπεδοκλῆς ἐποίησε « διὸ δεῖ ὀρθῶς »· ἡ δὲ στιγμὴ] πώς ἐστιν, ἡ δὲ στιγμὴ
972b 30-31	καὶ τὸ ἓν τοῖς ἀκινήτοις] καὶ τὸ ἓν τῶν ἀκινήτων

PROBLÈMES MÉCANIQUES

Introduction

847a11 Parmi les choses qui se produisent selon la nature, provoquent l'étonnement toutes celles dont la cause nous échappe, et, parmi celles qui se produisent contre-nature, toutes celles qui sont engendrées par l'art pour l'utilité des hommes. Car, dans bien des cas, la nature a des effets contraires à notre intérêt. **847a15** En effet, l'action de la nature est toujours identique à elle-même et uniformément simple, alors que notre intérêt varie de multiples façons. Lors donc que nous avons à réaliser quelque chose de contre-nature, la difficulté que nous éprouvons à le faire nous met dans l'embarras et nous oblige à recourir à l'art. C'est pourquoi nous appelons « mécanique » la partie de l'art qui nous sert à résoudre les difficultés de cette sorte. Bien vrai est ce vers **847a20** du poète Antiphon : « C'est par l'art que nous l'emportons lorsque nous sommes vaincus par la nature. » Il s'agit des cas où le petit l'emporte sur le grand, comme lorsque quelque chose qui n'a qu'une faible tendance à descendre met en mouvement des poids considérables, et presque tous les problèmes qu'on appelle mécaniques. Ces problèmes ne sont pas **847a25** absolument identiques aux problèmes physiques, ni tout à fait séparés d'eux, mais sont communs aux recherches mathématiques et physiques : le comment est révélé par les mathématiques, les phénomènes concernés le sont par la physique.

Parmi les problèmes difficiles **847b11** qui entrent dans ce genre sont compris ceux qui se rapportent au levier. En effet, il est étrange, semble-t-il, qu'un poids considérable soit mû par une force petite, sans compter l'accroissement du poids ; car un poids qu'on ne peut pas mouvoir sans levier sera mis en mouvement plus rapidement, **847b15** malgré l'ajout du poids du levier.

La cause première de tous ces phénomènes est le cercle. Il y a là quelque chose de très logique ; rien d'absurde, en effet, à voir quelque chose d'étrange résulter de quelque chose de plus étrange. Mais l'étrange par excellence est la coexistence des contraires. Or le cercle est constitué de contraires. **847b20** Fondamentalement, en effet, il résulte d'un élément mobile et d'un élément au repos, qui sont par nature des contraires mutuels. Si donc l'on veut bien considérer ce fait, on s'étonnera moins des contrariétés qui se rencontrent dans le cercle.

Premièrement, la ligne qui circonscrit le cercle et qui est dépourvue de largeur accuse de quelque manière les contraires **847b25** que sont le concave et le convexe. Ces contraires diffèrent en eux comme le grand et le petit ; ici, le moyen est l'égal, là, c'est le droit. C'est pourquoi, si ces contraires passent l'un dans l'autre, le grand et le petit deviennent nécessairement égaux avant que **848a1** les extrêmes n'aient échangé leur rôle, et la ligne devient une droite, lorsque de convexe elle devient concave ou que, inversement, de concave elle devient convexe et circulaire.

Voilà d'abord l'une des étranges particularités qu'offre le cercle. La seconde est qu'il se meut simultanément de mouvements contraires ; **848a5** en effet, il se meut à la fois vers l'avant et l'arrière. Et il en va de même pour la ligne qui décrit le cercle ; en effet, le point de départ de son extrémité est aussi son point d'arrivée ; dans le mouvement continu du rayon, le point ultime se retrouve être le premier, de sorte qu'on voit bien que le rayon a changé de direction **848a10** à partir de ce point.

C'est pourquoi, comme on l'a dit plus haut, il ne faut pas s'étonner que le cercle soit au principe de tous les phénomènes merveilleux. D'abord, les propriétés relatives à la balance se ramènent au cercle, puis celles du levier à la balance, et enfin presque toutes celles relatives aux mouvements mécaniques au levier. En outre, **848a15** puisque, si l'on prend un rayon unique, aucun des points qui sont en lui ne se meut à la même vitesse qu'un autre, mais que, de deux points, c'est toujours celui qui est le plus éloigné de l'extrémité immobile qui est le plus rapide, il résulte de cela un grand nombre de propriétés étonnantes relatives aux mouvements des cercles. Tout cela deviendra clair dans les problèmes qui vont suivre.

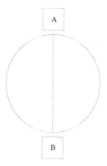

Le fait que **848a20** le cercle soit mû simultanément de mouvements contraires, et que l'une des extrémités du diamètre, marquée A, se meuve en avant, alors que l'autre, marquée B, se meut en arrière, permet de monter des dispositifs où plusieurs cercles se meuvent simultanément de mouvements contraires sous l'effet d'une impulsion unique, à la manière de ces *ex-voto* que l'on trouve dans **848a25** les temples et qui sont faits de rouelles de bronze ou de fer.

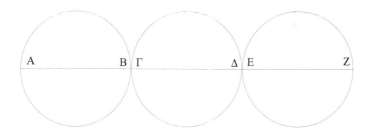

Soit un cercle, marqué ΓΔ, tangent à un cercle marqué AB ; si le diamètre du cercle marqué AB est mû en avant, le diamètre ΓΔ sera mû en arrière par rapport au cercle marqué AB – si du moins le diamètre AB se meut bien autour du même point. **848a30** Le cercle marqué ΓΔ se mouvra donc dans le sens contraire du cercle marqué AB ; de même, pour la même raison, le cercle ΓΔ mettra en mouvement dans le sens contraire du sien le cercle suivant marqué EZ. Le même phénomène se reproduira même s'il y a davantage de cercles ; il suffit pour cela qu'un seul cercle soit mis en mouvement. C'est donc en considérant la nature qui réside dans le cercle **848a35** que les artisans construisent des instruments dont ils dissimulent le principe, afin que seul l'aspect étonnant du mécanisme soit visible et que la cause en soit cachée.

848b1 Tout d'abord, la difficulté que présentent les propriétés de la balance est de savoir pour quelle raison elle est plus précise quand elle est grande que lorsqu'elle est petite. Ensuite, à l'origine de cette particularité, il y a la question de savoir pourquoi, dans le cercle, un rayon dont l'extrémité est plus éloignée du centre voit cette extrémité **848b5** transportée plus rapidement que celle d'un rayon plus petit, pourtant mû par la même force. L'expression « plus rapidement » se prend en deux acceptions : on dit qu'une chose est plus rapide ou bien lorsqu'elle parcourt un espace égal dans un temps moindre, ou un espace plus grand dans un temps égal. Or un rayon plus grand décrit un cercle plus grand dans un temps égal, puisque le cercle extérieur est plus grand que le cercle intérieur.

La raison en est que **848b10** la droite qui décrit le cercle est mue de deux mouvements. D'abord, lorsqu'un objet est trans-porté dans un rapport déterminé, il est nécessairement transporté en ligne droite, qui est la diagonale de la figure résultant de la composition des lignes qui sont dans le rapport en question.

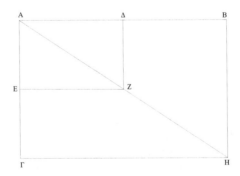

Que le rapport selon lequel se meut le corps transporté soit le rapport de la droite AB à la droite AΓ ; **848b15** que le segment AΓ soit transporté vers le point B et que la droite AB soit transportée vers la droite HΓ : que le point A ait été transporté au point Δ, et que la droite marquée AB ait été transportée au point E. Si donc le rapport du transport est celui que la droite AB a avec la droite AΓ, la droite AΔ aura nécessairement ce rapport avec la droite AE. Le petit quadrilatère **848b20** est donc semblable en rapport au grand, de sorte qu'ils auront la même diagonale et que le point A sera au point Z. La démonstration sera la même, quel que soit le terme du transport : le point A sera toujours sur la diagonale. Il est donc évident que l'objet mû le long de la diagonale est nécessairement transporté selon le rapport des côtés ; **848b25** en effet, si c'est selon un rapport différent, il ne sera pas transporté le long de la diagonale. Mais si l'objet est mû de deux mouvements qui, à aucun moment, ne sont dans le même rapport, il est impossible que le mouvement soit rectiligne.

En effet, supposons qu'il soit rectiligne ; si cette droite est posée comme diagonale et si la figure est complétée par le tracé des côtés, l'objet transporté l'est forcément selon le rapport des côtés, **848b30** comme cela a été démontré plus haut. Donc l'objet qui, à aucun moment, n'est transporté dans le même rapport, n'aura pas de trajectoire rectiligne, car, s'il est transporté selon un certain rapport pendant un certain temps, ce que nous avons dit plus haut implique nécessairement que la trajectoire soit rectiligne pendant ce temps. Par conséquent, l'objet mû de deux mouvements qui, à aucun moment, ne sont dans le même rapport, accomplit un mouvement curviligne.

848b35 Ces considérations montrent donc à l'évidence que la droite qui décrit le cercle est transportée simultanément de deux mouvements. Cela résulte aussi du fait que l'objet transporté en ligne droite † se dirige vers la perpendiculaire, **849a1** qui est derechef perpendiculaire au rayon. †

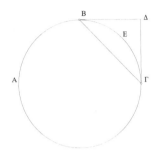

    Soit un cercle ABΓ ; que l'extrémité B soit transportée dans la direction de Δ ; à un certain moment, B arrive en Γ. D'abord, si B était transporté dans le rapport de BΔ à ΔΓ, sa trajectoire serait **849a5** la diagonale marquée BΓ. Mais, en réalité, puisqu'il se meut dans un rapport qui n'est pas constant, sa trajectoire est l'arc BEΓ.

    Considérons deux mobiles mus par une force identique, et que l'un d'eux soit davantage dévié que l'autre : il est logique que celui qui est davantage dévié soit mû plus lentement que celui qui l'est moins. **849a10** C'est ce qui se passe, apparemment, dans le cas de deux rayons inégaux décrivant des cercles ; comme l'extrémité du petit rayon est plus rapprochée du point immobile que celle du grand rayon, l'extrémité du petit rayon, comme attirée dans la direction contraire, c'est-à-dire vers le centre, se meut plus lentement. C'est d'abord ce qui se passe **849a15** pour n'importe quel rayon décrivant un cercle ; il est transporté le long de la circonférence à la fois d'un mouvement naturel et d'un mouvement contre-nature < respectivement > obliquement et vers le centre. Ensuite, de deux rayons, c'est chaque fois le plus petit qui est transporté d'un mouvement contre-nature plus grand ; en effet, comme son extrémité est plus proche du centre qui l'attire en sens contraire, il est davantage soumis à son influence. Que, **849a20** de deux droites décrivant les cercles, la petite se meuve d'un mouvement contre-nature plus grand que celui de la grande, c'est ce que nous allons voir.

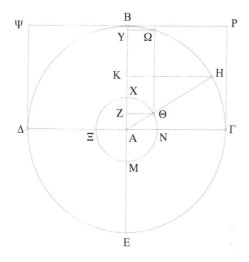

Soient un cercle marqué BΓEΔ et un autre cercle plus petit à l'intérieur, marqué XNMΞ, autour du même centre A ; que soient tracés les diamètres marqués ΓΔ et BE dans le grand, **849a25** et les diamètres MX et NΞ dans le petit. Que soit complété le rectangle ΔΨPΓ. Si donc la droite AB qui décrit le cercle revient à sa position de départ AB, il est clair qu'elle est transportée vers elle-même. De même, AX viendra aussi sur AX. Or AX se meut plus lentement que AB, comme **849a30** on l'a dit, parce que la déviation qu'elle subit est plus importante et que AX est davantage attirée en sens contraire. Que soit menée une droite AΘH, et que, de Θ, soit abaissée une perpendiculaire ΘZ sur AB dans le cercle ; que, dere-chef, soient menées, de Θ, une parallèle ΘΩ à AB, et, à AB, des perpendiculaires ΩY et HK. Les droites marquées ΩY et **849a35** ΘZ sont donc égales. La droite BY est donc plus petite que la droite XZ ; en effet, des droites égales menées dans des cercles inégaux à angles droits avec le diamètre découpent sur ce diamètre un segment plus petit dans les cercles plus grands ; or la droite ΩY est égale à la droite ΘZ. **849b1** L'extrémité du rayon AB dans le grand cercle est donc transportée sur un arc plus grand que l'arc BΩ dans le temps que la droite AΘ est transportée sur l'arc XΘ. En effet, le transport selon la nature est égal, tandis que le transport contre-nature est plus court ; or la droite BY est plus petite que la droite XZ. Mais, en proportion, il faut **849b5** que le mouvement contre-nature soit au mouvement contre-nature comme le mouvement naturel est au mouvement naturel. < L'extrémité du rayon AB > a donc parcouru l'arc BH plus grand que l'arc BΩ ; d'autre part, il est nécessaire qu'elle ait parcouru l'arc BH dans le temps que < l'extrémité du rayon AX a parcouru l'arc XΘ > ; car elle sera en H, quand, dans les deux cas, il y a proportion entre le mouvement naturel et le mouvement contre-nature. Si donc **849b10** le mouvement naturel est plus grand dans le cas du grand rayon, dans ce cas le mouvement contre-nature aussi serait plus grand à cet endroit seulement si le point B était transporté sur l'arc BH dans le temps que le point X parcourt l'arc XΘ. En effet, à cet endroit, c'est la droite KH qui est parcourue d'un mouvement naturel par le point B (car KH est la perpendiculaire menée de H), et c'est la droite BK qui est parcourue d'un mouvement contre-nature. **849b15** Or ΘZ est à ZX comme HK est à KB, ce qu'on voit clairement si sont menées des droites de jonction BH et XΘ. Mais, si l'arc sur lequel le point B est transporté est plus petit ou plus grand que l'arc BH, il n'en ira pas de même, et il n'y aura pas de proportion entre le mouvement naturel et le mouvement contre-nature dans les deux cercles.

D'après ces considérations, on voit clairement pour quelle raison **849b20** le point le plus éloigné du centre est transporté plus rapidement sous l'action d'une force égale et pourquoi un rayon plus grand décrit un cercle plus grand.

La suite va montrer pour quelle raison les grandes balances sont plus précises que les petites. Le support de la balance représente le centre (car ce point est fixe), et les deux côtés de la balance représentent les rayons du cercle. **849b25** L'extrémité de la balance, sous l'action d'un poids égal, est mue nécessairement d'autant plus vite qu'elle est plus éloignée du support. Dans le cas des petites balances, il arrive que les poids qu'on met dans la balance ne produisent aucun effet perceptible, au contraire de ce qu'on voit dans le cas des grandes balances, car rien n'empêche que la balance soit mue sur une distance trop petite pour que son déplacement soit donné à la vue. **849b30** En revanche, dans le cas d'une grande balance, le même poids produit un déplacement visible. D'autre part, certains déplacements sont visibles dans les deux sortes de balances, mais on les distingue bien mieux dans le cas des grandes balances, parce que l'amplitude de la tendance à descendre sous l'effet du même poids est bien plus grande. C'est ce qui permet aux marchands de pourpre, quand ils font des pesées, d'inventer d'ingénieux moyens de frauder : ils ne **849b35** placent pas le support au milieu, ils versent du plomb sur un bras de la balance, ou encore, pour le bras de la balance qu'ils veulent faire pencher, ils emploient un bois tiré de la racine ou comportant un nœud, car **850a1** la partie du bois où se trouve la racine est plus lourde, et le nœud est une sorte de racine.

Problèmes

Problème 1

Pourquoi, si le support de la balance est placé en haut, la balance revient-elle à sa position de départ quand on enlève le poids qui l'a fait pencher vers le bas, alors que, **850a5** si le support est placé en-dessous, elle ne revient pas, mais demeure immobile ? Est-ce parce que, lorsque le support est placé en haut, la majeure partie de la balance est située au-delà de la perpendiculaire (c'est le support qui est la perpendiculaire), de sorte que, forcément, c'est cette partie plus importante qui s'incline vers le bas, jusqu'à ce que la droite qui divise la balance en deux parties égales rejoigne la perpendiculaire elle-même, puisque **850a10** le poids est maintenant situé dans la partie de la balance qui était relevée ?

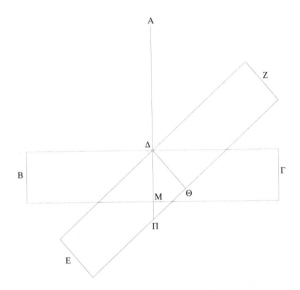

Soit une balance rectiligne marquée BΓ, et le support AΔ.
Si le support est prolongé vers le bas, il sera la perpendiculaire
marquée AΔM. Si donc le poids est placé en B, le point B sera
en E et le point Γ sera en Z, de sorte que la droite qui divise la
balance en deux parties égales, d'abord **850a15** confondue avec
la partie ΔM de la perpendiculaire, prendra la position ΔΘ, une
fois le poids placé. De sorte que la partie de la balance EZ qui
est au-delà de la perpendiculaire marquée AM est plus grande
que la moitié par l'adjonction de la partie ΘΠ. Si donc le poids
est ôté de E, le point Z est forcément transporté vers le bas,
puisque la partie E est plus petite.

Si, d'abord, **850a20** le support est placé en haut, la balance
revient vers le haut. Si, ensuite, le support est placé en-dessous,
c'est le contraire qui se produit. C'est la partie de la balance
inclinée vers le bas qui devient plus grande de la partie décou-
pée par la perpendiculaire, de sorte que la balance ne revient
pas vers le haut, puisque c'est la partie soulevée qui est plus
légère.

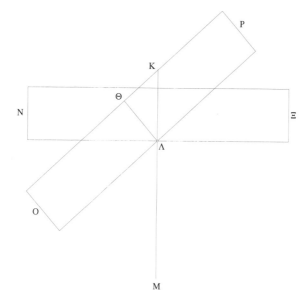

Soient une balance rectiligne marquée NΞ et la perpendiculaire **850a25** KΛM, qui divise NΞ en deux parties égales. Si l'on place un poids au point N, le point N sera en O, le point Ξ sera en P et la droite KΛ sera en ΛΘ, de sorte que la partie KO est plus grande que la partie ΛP de l'aire ΘKΛ. Si donc le poids est enlevé, la balance garde forcément sa position, car la partie K qui est en excès sur la moitié agit comme un poids.

Problème 2

850a30 Pourquoi de petites forces meuvent-elles de grands poids au moyen d'un levier, comme on l'a déjà dit au début, alors que s'ajoute encore le poids du levier ? Il est plus facile de mouvoir un poids moindre, or il est moindre sans le levier. Est-ce parce que la cause en est le levier, qui agit comme une balance ayant son support en-dessous et divisée en deux parties d'inégale longueur ? **850a35** Le point d'appui agit comme le support, puisque l'un et l'autre demeurent immobiles comme le centre. D'autre part, c'est un rayon plus grand qui est mû plus vite sous l'effet d'un poids égal, et il y a trois éléments dans le levier : le point d'appui qui joue le rôle de support et de centre, et deux poids, le moteur et le mû. **850b1** Le rapport du poids mû au poids moteur est l'inverse du rapport des longueurs. Dans chaque cas, plus le poids est éloigné du point d'appui, et plus il mouvra facilement le levier. La cause en est celle que nous avons dite : un plus grand rayon décrit un plus grand cercle. De sorte que, **850b5** sous l'effet d'une force identique, le poids moteur provoquera un mouvement plus grand lorsqu'il est plus éloigné.

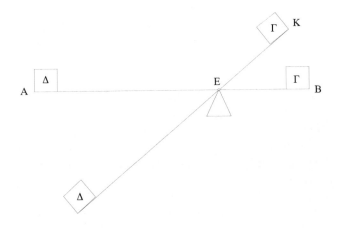

Soient un levier marqué AB, un poids marqué Γ, un poids moteur marqué Δ, un point d'appui marqué E ; que le poids marqué Δ devienne le poids marqué H après avoir mû, et que le poids marqué Γ devienne le poids marqué K après avoir été mû.

Problème 3
850b10 Pourquoi sont-ce les rameurs du milieu qui font le plus avancer le navire ? Est-ce parce que la rame est un levier ? En effet, le tolet, qui est fixe, joue le rôle du point d'appui ; la mer, que la rame repousse, joue le rôle du poids, et le matelot

est ce qui meut le levier. Dans chaque cas, plus celui qui meut le poids est éloigné du point d'appui, et plus il meut un poids important ; **850b15** en effet, dans ces conditions, le rayon est plus grand, et le tolet, qui est le point d'appui, joue le rôle de centre. Or c'est au milieu du navire que la plus grande partie de la rame est à l'intérieur ; en effet, c'est là que le navire a la plus grande largeur, de sorte qu'il est possible que, de part et d'autre, il y ait une plus grande partie de la rame à l'intérieur de chacun des flancs du **850b20** navire. Voici comment se meut le navire : lorsque la rame appuie sur la mer, l'extrémité intérieure de la rame se meut vers l'avant, et le navire, attaché au tolet, progresse vers l'endroit où se trouve l'extrémité de la rame ; en effet, l'impulsion maximale vers l'avant que reçoit le navire se produit là où la rame découpe la plus grande portion de mer, **850b25** et c'est le cas lorsque la majeure partie de la rame est en deçà du tolet. Voilà pourquoi ce sont les rameurs du milieu qui font le plus avancer le navire, car c'est au milieu du navire que la partie intérieure de la rame, depuis le tolet, est la plus grande.

Problème 4

Pourquoi le gouvernail, qui est petit et qui est placé à l'extrémité du navire, possède-t-il une force assez grande pour mouvoir des navires de grandes dimensions, alors que la barre est petite et **850b30** que la force, bien faible, d'un seul homme l'actionne ? Est-ce parce que le gouvernail est aussi un levier et que le pilote manœuvre un levier ? D'abord, l'endroit où le gouvernail est attaché au navire est le point d'appui ; ensuite, le gouvernail entier est le levier, le poids est la mer, le pilote est le moteur. **850b35** Le gouvernail ne prend pas la mer selon la largeur, comme la rame, car il ne meut pas le navire vers l'avant, mais lui fait faire un mouvement tournant en prenant la mer obliquement. En effet, puisque le poids, nous l'avons dit, est la mer, le gouvernail fait tourner le navire en le poussant dans l'autre direction : le levier tourne dans le sens contraire de la mer, **851a1** la mer vers l'intérieur, le levier vers l'extérieur. Le navire obéit au levier parce qu'il lui est attaché. D'abord la rame pousse le poids selon la largeur et en reçoit une contre-poussée, ce qui fait qu'elle propulse le navire tout droit. En revanche, le gouvernail, dont la position est oblique, meut le navire **851a5** obliquement, à droite ou à gauche. Il est placé à l'extrémité du navire et non au milieu, parce que c'est lorsque le moteur est à l'extrémité qu'il meut le plus facilement l'objet mû.

En effet, la partie antérieure est mue très rapidement, du fait que, dans le cas d'un objet continu, le déplacement est très faible à son extrémité, tout comme, dans les corps transportés, le déplacement cesse à l'extrémité du parcours. **851a10** Si le déplacement est très faible, il est facile de le dévier. C'est d'abord la raison pour laquelle le gouvernail est à la poupe ; ensuite, lorsqu'à cet endroit se produit un petit mouvement, l'intervalle devient beaucoup plus grand à l'autre extrémité, en raison du fait que le même angle est placé sur une base plus grande, et d'autant plus grande que sont plus grands les côtés qui comprennent l'angle. Ces considérations font voir aussi pour quelle **851a15** raison le navire se meut davantage dans la direction opposée que la pelle de la rame ; en effet, la même masse mue par la même force progresse davantage dans l'air que dans l'eau.

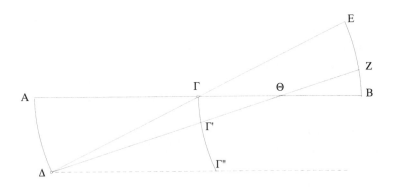

Soient la rame AB, le tolet Γ, A l'extrémité de la rame qui est dans le navire et B l'extrémité qui est dans la mer. Si A a changé de place et se trouve **851a20** en Δ, B ne sera pas en E ; en effet, l'arc BE est égal à l'arc AΔ ; B se sera donc déplacé autant que A. Mais son déplacement est plus petit, on l'a dit ; B sera donc en Z. Le point Θ coupe donc AB, pas en Γ, mais plus bas. En effet, l'arc BZ est plus petit que l'arc AΔ, de sorte que le segment ΘZ est aussi plus petit que le segment ΔΘ, puisque les triangles sont semblables. D'autre part, **851a25** le milieu, marqué Γ, se sera aussi déplacé, car il se meut dans la direction contraire à celle de l'extrémité B qui est dans la mer, et dans la même direction que l'extrémité A qui est dans le navire ; or A s'est déplacé vers Δ, de sorte que le navire changera de place, et se sera déplacé jusqu'à l'endroit où est l'extrémité intérieure de la rame.

Le gouvernail opère de la même manière, sauf qu'il ne contribue pas **851a30** à la progression du navire, comme on l'a dit plus haut, mais qu'il se contente de pousser la poupe obliquement, à droite ou à gauche ; la proue, elle, va dans la direction opposée. L'endroit où le gouvernail est attaché doit être considéré comme le milieu d'un objet en mouvement, et comme le tolet de la rame. Ce point médian tourne avec le mouvement de la barre. **851a35** Si la barre pousse vers l'intérieur, la poupe aussi se déplace aussi vers l'intérieur, tandis que la proue se dirige dans la direction opposée, car lorsque la proue se retrouve au même endroit, le navire s'est déplacé tout entier.

Problème 5

Pourquoi, plus la vergue est haute, et plus les navires avancent rapidement, avec la même voile et le même vent ? Est-ce parce que **851a40** le mât est le levier, que la base où le mât est fiché est le point d'appui, **851b1** que le navire est le poids qu'il faut mouvoir, et que le moteur est le vent qui souffle dans les voiles ? Si, plus le point d'appui est éloigné, plus la même force meut facilement et rapidement le même poids, alors la vergue, lorsqu'elle est hissée plus haut, fait que la voile est **851b5** plus éloignée de la base qui est le point d'appui.

Problème 6

Pourquoi, lorsqu'on veut naviguer comme avec un vent favorable alors que le vent n'est pas favorable, cargue-t-on la partie de la voile qui est près du pilote, et pourquoi la largue-t-on, en manœuvrant les boulines, près de la proue ? Est-ce parce que le gouvernail ne peut pas **851b10** manœuvrer contre le vent quand il est fort, mais seulement quand le vent est modéré, ce qu'on obtient en amenant la voile ? D'abord le vent pousse le navire ; ensuite le gouvernail le rend favorable en poussant la mer en sens contraire dans un mouvement de levier. Simultanément, les marins luttent contre le vent en se penchant du côté opposé.

Problème 7

851b15 Pourquoi les figures rondes et circulaires se meuvent-elles plus facilement ? Le cercle peut se mouvoir de trois manières : selon la circonférence, le centre se déplaçant simultanément, comme tourne la roue du char ; autour du centre seulement, comme les poulies, le centre demeurant fixe ; ou encore dans un plan parallèle **851b20** au sol, le centre restant fixe, comme tourne la roue du potier. Si donc ces figures peuvent se mouvoir très rapidement, c'est parce qu'elles touchent le sol sur une surface réduite, comme le cercle, qui est tangent en un point, et qu'il n'y a pas de frottement, car l'angle est écarté du sol. En outre, lorsqu'elles rencontrent un corps quelconque, **851b25** elles ne le touchent là aussi que sur une surface réduite. En revanche, s'il s'agissait d'un corps rectiligne, le côté rectiligne toucherait le sol sur une grande longueur. En outre, le moteur les meut là où leur poids les entraîne. En effet, quand le diamètre du cercle est perpendiculaire au plan, le cercle étant tangent au plan en un point, le diamètre divise également le poids entre les deux côtés ; **851b30** mais, lorsque le cercle est en mouvement, aussitôt le poids est plus considérable dans la direction du mouvement, comme s'il penchait de ce côté. C'est ce qui fait qu'il est plus facile à mouvoir pour celui qui le pousse en avant ; en effet, tout corps a de la facilité à se mouvoir dans la direction où il se penche, alors qu'il a de la difficulté à se mouvoir dans la direction contraire à son inclinaison.

En outre, d'aucuns disent que la ligne circulaire est toujours en mouvement, **851b35** exactement comme les corps qui sont en repos < le sont > à cause de la résistance < qui est en eux >, comme l'on voit dans le cas des grands cercles relativement aux petits cercles. Les grands cercles se meuvent plus vite et mettent plus rapidement les poids en mouvement sous l'action d'une force égale, parce que l'angle du grand cercle, si on le compare à l'angle du petit cercle, a une plus grande tendance à tomber, et que le rapport de ces angles est identique à celui **851b40** du rapport des diamètres des deux cercles. Mais tout cercle est plus grand qu'un cercle **852a1** plus petit, car les petits cercles sont en nombre infini.

D'autre part, s'il est vrai qu'un cercle a une plus grande tendance à se mouvoir qu'un autre cercle, et qu'il est par là facile à mouvoir, le cercle et les objets mus par le cercle auront encore une tendance supplémentaire à se mouvoir, si le cercle ne touche pas le sol avec sa circonférence, mais est ou bien parallèle au sol **852a5** ou comme les poulies. C'est dans ces conditions qu'ils sont mus le plus facilement et qu'ils meuvent le plus facilement le poids. Mais ce n'est pas en raison de la petite surface de tangence ou du fait que le frottement est faible, mais pour une autre raison. Il s'agit de celle dont on a parlé plus haut, et qui est que le cercle est engendré par deux translations, telles que l'une d'entre elles a toujours une tendance à se mouvoir, et que le moteur le meut toujours comme quelque chose qui est déjà en mouvement, **852a10** lorsqu'il le pousse d'une certaine manière le long de la circonférence ; en effet, le moteur meut la circonférence déjà en mouvement, parce que le moteur la pousse d'un mouvement qui est oblique par rapport au cercle, alors que le cercle lui-même se meut d'un mouvement le long du diamètre.

Problème 8

Pourquoi mouvons-nous plus facilement et plus rapidement des corps soulevés et tirés au moyen de grands cercles ? **852a15** C'est par exemple le cas avec les grandes poulies, comparées aux petites, ou avec les grands rouleaux. Est-ce parce que, plus grand est le rayon, et plus grand est l'espace parcouru dans un temps égal ? La conséquence est que, si on leur attache un même poids, le phénomène sera identique. Pareillement, disions-nous, les grandes balances **852a20** sont plus précises que les petites. En effet, le support est le centre, et les parties de la balance qui sont de part et d'autre du support sont les rayons du cercle.

Problème 9

Pourquoi la balance se meut-elle plus facilement lorsqu'elle ne supporte pas de poids que lorsqu'elle en a un ? Pareillement, une roue, et tout autre machine de ce genre, se meut plus facilement lorsqu'elle est petite et légère que lorsqu'elle est lourde et grande. Est-ce **852a25** parce que le corps lourd est difficile à mouvoir non seulement dans la direction opposée, mais même dans une direction oblique ? En effet, il est difficile de le mouvoir dans la direction opposée à celle de son inclinaison à tomber, mais facile dans la direction que prend cette inclinaison ; or le corps n'a pas d'inclinaison dans une direction oblique.

Problème 10

Pourquoi est-il plus facile de transporter des fardeaux sur des rouleaux **852a30** que sur des chariots, alors que les chariots ont de grandes roues et que les rouleaux sont petits ? Est-ce parce que, sur les rouleaux, les fardeaux ne subissent pas de frottement, alors que, sur les chariots, il y a l'axe et que les charges frottent sur lui ? En effet, les charges pèsent sur l'axe d'en haut et sur les côtés. Alors que, dans le cas des rouleaux, le mouvement se fait en deux points, **852a35** la surface qui est en dessous, et au point de contact du poids qui est au-dessus. C'est en ces deux endroits que le cercle roule et qu'il est poussé dans son transport.

Problème 11

Pourquoi les projectiles sont-ils propulsés plus loin quand ils sont lancés avec une fronde que lorsqu'ils le sont par la main ? Pourtant le lanceur maîtrise mieux le poids avec sa main **852b1** qu'en le suspendant à la fronde. En outre, le lanceur a dans ce cas deux poids à mouvoir, celui de la fronde et celui du projectile, alors qu'autrement il n'y a que celui du projectile. Est-ce parce que le lanceur lance le projectile qui se meut < déjà > avec la fronde (car il ne le lâche qu'après l'avoir fait tourner plusieurs fois), **852b5** tandis que, lorsqu'il le lance avec la main, le projectile est d'abord en repos ? Or tous les corps déjà en mouvement sont plus faciles à mouvoir que lorsqu'ils sont en repos. N'est-ce pas la raison ? N'est-ce pas aussi parce que, dans le cas de la fronde, la main est le centre et la fronde le rayon ? Plus grand est le rayon, plus vite se fait le mouvement. Or le jet qui se fait au moyen de main **852b10** est court, comparé à celui qui se fait avec la fronde.

Problème 12

Pourquoi les grandes manivelles se meuvent-elles autour du même cabestan plus rapidement que les plus petites, et pourquoi est-ce aussi le cas des treuils plus minces comparés aux treuils plus gros, sous l'effet de la même force ? Est-ce parce que le treuil et le cabestan sont comme le centre et que les longueurs qui en partent sont les rayons ? **852b15** Or les rayons des grands cercles sont mus plus rapidement et sur une longueur plus grande que les rayons des petits cercles. ; en effet, sous l'action de la même force, une extrémité plus éloignée du centre se déplace plus rapidement. C'est pourquoi l'on adapte les manivelles au cabestan pour en faire des instruments grâce auxquels on fait tourner l'appareil plus facilement. Dans le cas des treuils minces, **852b20** les parties qui débordent du bois sont plus longues, et jouent le rôle de rayons.

Problème 13

Pourquoi, à longueur égale, un morceau de bois sera brisé sur le genou plus facilement si on le rompt en tenant les extrémités écartées à égale distance, que si on le tient près du genou ; pourquoi encore, si on l'appuie sur le sol, **852b25** sera-t-il brisé plus facilement avec le pied si la main est placée à une grande distance, que si la main est placée tout près ? Est-ce parce que, dans un cas, c'est le genou qui est le centre, dans l'autre, c'est le pied ? Mais plus un corps est loin du centre, plus facilement il se meut ; or il est nécessaire que l'objet brisé soit mû.

Problème 14

Pourquoi les pierres qu'on appelle des galets, sur les plages, **852b30** sont-elles rondes, alors qu'à l'origine ces galets proviennent de pierres ou de coquillages de grande taille. Est-ce parce que les corps éloignés du milieu, lorsqu'ils sont en mouvement, sont transportés plus rapidement ? En effet, le milieu devient le centre, et l'écartement fait office de rayon. Or, dans tous les cas, de deux rayons animés d'un mouvement égal, c'est le grand qui décrit un cercle plus grand ; d'autre part, ce qui, dans **852b35** un temps égal, parcourt une distance plus grande, est transporté plus rapidement. Or les corps qui sont transportés plus rapidement sur une distance égale provoquent un choc plus fort, et les corps qui provoquent un choc plus fort reçoivent eux-mêmes un choc plus fort. De sorte que ce sont dans tous les cas les parties les plus éloignées du centre qui sont usées ; et les objets qui subissent cela doivent nécessairement devenir arrondis. **853a1** À cause du mouvement de la mer et parce que les galets sont mus avec la mer, il se trouve qu'ils sont toujours en mouvement et qu'en roulant ils subissent un frottement. Or cela se produit forcément et au premier chef en leurs extrémités.

Problème 15

853a5 Pourquoi, plus les morceaux de bois sont longs, plus ils deviennent fragiles et plus ils se courbent quand on les soulève, même si celui qui est court, par exemple de deux coudées, est mince, et si celui de cent coudées est gros ? Est-ce parce que le morceau de bois, lorsqu'on le soulève, fonctionne comme un levier, avec son poids et son point d'appui ? En effet, la partie antérieure de la pièce, **853a10** que soulève la main, joue le rôle du point d'appui, et l'autre extrémité est le poids. De sorte que, plus longue est la partie qui vient du point d'appui, plus elle doit nécessairement se plier ; en effet, plus elle est éloignée du point d'appui, plus la courbure doit s'accuser. Il faut donc soulever le levier par ses extrémités. **853a15** Si donc le levier fléchit, il faut nécessairement que sa courbure s'accuse si on le lève davantage ; c'est ce qui se produit pour les grandes pièces de bois ; pour les petites pièces, l'extrémité est proche du point d'appui, qui est en repos.

Problème 16

Pourquoi un coin, qui est petit, peut-il soulever de grands poids **853a20** et fendre des corps de grande taille, et pourquoi la pression est-elle considérable ? Est-ce parce que le coin est fait de deux leviers opposés l'un à l'autre et que chacun d'eux a un poids et un point d'appui qui pressent vers le haut et vers le bas ? En outre, le mouvement de percussion augmente la force du poids qui frappe et met en mouvement. Et comme il meut en étant déjà en mouvement, **853a25** la vitesse accroît encore sa force. Quoique étant petit, le coin engendre de grandes forces ; c'est pourquoi nous ne nous rendons pas compte qu'il produit un mouvement considérable si on le rapporte à sa taille.

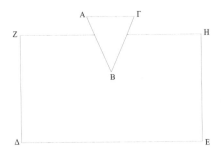

Soit un coin marqué ABΓ, et ΔEHZ le corps auquel il est appliqué ; la droite AB forme un levier, le poids est situé en bas en B, le point d'appui est la droite ZH, le levier qui lui est opposé est BΓ. **853a30** Lorsque la droite AΓ est frappée, elle agit sur AB et sur BΓ comme sur des leviers, ce qui pousse le point B vers le haut.

Problème 17

Pourquoi, si l'on fixe deux poulies sur deux supports de bois se faisant face, que l'on fasse passer autour d'elles une corde attachée par l'une de ses extrémités à l'un des supports, **853a35** l'autre extrémité étant appliquée aux poulies et enroulée autour d'elles, et si l'on tire sur cette extrémité, on peut soulever de grands poids, même si la force de traction est petite ? Est-ce parce que, si l'on utilise un levier, un même poids peut être soulevé au moyen d'une force plus petite que celle exercée par la main ? La poulie fait la même chose que **853b1** le levier, de sorte qu'une seule poulie tirera le poids plus facilement, et qu'il suffit d'une faible traction pour soulever un poids beaucoup plus lourd que ne le fait la main. Et deux poulies soulèvent le poids avec une vitesse plus que doublée ; en effet, lorsque **853b5** la corde est passée sur une seconde poulie, l'autre poulie tire moins que si elle tirait toute seule ; en effet, la seconde poulie rend le poids encore moins lourd. Et pareillement, si la corde est passée autour d'un nombre encore plus grand de poulies, il suffit de peu de poulies pour que la différence soit grande, de sorte que, si un poids pesant quatre mines est tiré par la première poulie, la dernière poulie tire un poids beaucoup **853b10** plus faible. Dans les travaux de construction, on met facilement en mouvement de grands poids ; en effet, on les transporte d'une poulie à une autre, et ensuite de cette poulie à des treuils et des leviers, ce qui revient à faire un grand nombre de poulies.

Problème 18

Pourquoi, si, sur un morceau de bois, on applique une grande hache **853b15** et une lourde charge sur la hache, elle ne fend pas le bois d'une longueur appréciable, alors que, si on lève la hache pour porter le coup, on le fend, même si la hache qui frappe pèse beaucoup moins lourd que le poids placé sur le bois et qui faisait pression ? Est-ce parce que toute l'opération repose sur le mouvement, et que le corps pesant prend davantage le mouvement que possède son poids **853b20** lorsqu'il est lui-même mû que lorsqu'il est en repos ? Lorsque l'outil est posé sur le bois, il n'est donc pas mû du mouvement attaché à son poids, mais lorsqu'il est transporté, il est mû de ce mouvement et du mouvement de celui qui frappe. En outre, la hache est aussi un coin ; or le coin, quoique petit, fend de grandes pièces de bois parce qu'il est composé de deux leviers qui se font face.

Problème 19

853b25 Pourquoi les statères peuvent-elles peser de lourds quartiers de viande avec un petit contrepoids, l'ensemble ne faisant qu'un demi-fléau ? En effet, un plateau n'est attaché que là où est placé l'objet à peser, et de l'autre côté il n'y a que la statère. Est-ce parce qu'il se trouve que la statère est à la fois balance et levier ? En effet, c'est une balance, par le fait que **853b30** chacune des cordes de suspension joue le rôle de centre de la statère. D'un côté d'abord, il y a le plateau ; de l'autre ensuite, au lieu d'un plateau, il y a un contrepoids fixe qui est placé sur la balance, comme si l'on mettait un autre plateau et un contrepoids à l'extrémité de la statère. En effet, il est évident que le contrepoids équilibre le poids **853b35** sur le plateau qui est de l'autre côté. Mais pour qu'une seule balance fasse plusieurs balances, on attache plusieurs cordes à ce type de balance, agencées de telle manière que chaque fois la partie qui est du côté du contrepoids soit la moitié de la statère et que, les cordes étant placées l'une par rapport à l'autre à des intervalles égaux, le contrepoids permette de mesurer le poids **854a1** que pèse l'objet placé dans le plateau. De sorte que, quand la balance est horizontale, on voit, selon la position de la corde, quel est le poids qu'il y a sur le plateau, comme on a dit.

D'une manière générale, il s'agit d'une balance avec un seul plateau destiné à recevoir le poids à peser, et dont l'autre plateau **854a5** est remplacé par le contrepoids. C'est pourquoi la balance est constituée dans l'une de ses parties par un contrepoids. Sa disposition fait qu'elle est l'équivalent de plusieurs balances, dont le nombre est celui des cordes. De deux cordes, c'est chaque fois la plus proche du plateau et du poids à peser qui supporte le poids le plus lourd, parce que la statère tout entière est alors un levier **854a10** inversé, car chaque corde est un point d'appui tout en étant au-dessus, et que le poids est ce qui est dans le plateau ; et plus la distance du levier à partir du point d'appui est grande, plus il est facile à cet endroit pour le levier de mouvoir et de réaliser l'équilibre, et plus facilement le contrepoids de la statère permet de faire la pesée.

Problème 20

854a16 Pourquoi les médecins ont-ils plus de facilité à arracher les dents avec le davier, qui pourtant a du poids, qu'à main nue ? Est-ce parce que la dent glisse davantage de la main que du davier ? Pourtant, le fer glisse **854a20** davantage que la main et ne saisit pas la dent en l'enveloppant ; en effet, comme la chair des doigts est souple, elle permet à la main d'adhérer davantage à la dent et de mieux assurer la prise. En réalité, le davier est fait de deux leviers opposés, avec pour point d'appui unique le point d'attache des tenailles. On s'en sert comme instrument pour arracher les dents afin de les mouvoir plus facilement.

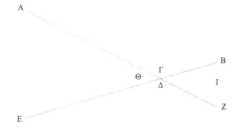

854a25 En effet, soit un davier ayant une extrémité marquée A et une extrémité B qui extrait la dent ; soient le levier AΔZ, l'autre levier marqué BΓE et le point d'appui ΓΘΔ ; que la dent, qui est le poids, se trouve en I, où les leviers se rejoignent. Le médecin saisit donc la dent avec les deux extrémités B et Z en même temps **854a30** et la met en mouvement ; quand il l'a déchaussée, il l'extrait plus facilement à la main qu'avec l'instrument.

Problème 21

Pourquoi est-il facile de casser les noix sans les frapper, quand on se sert des outils faits pour les casser ? En effet, on perd la force considérable du mouvement violent. En outre, **854a35** en réalisant la pression avec un outil dur et lourd, on les brise plus vite qu'avec un outil de bois et léger. Est-ce parce que, dans ces conditions, la noix est pressée de deux côtés par deux leviers, et que les corps pesants sont facilement fendus par le levier ? En effet, l'outil est composé de deux leviers, ayant le même point d'appui, c'est-à-dire le point d'attache marqué A.

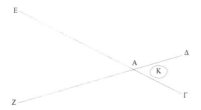

854b1 Si donc les bras E et Z sont écartés par des mouvements qui s'exercent sur les extrémités Γ et Δ, ces bras sont rapprochés facilement au moyen d'une force petite ; ainsi la force que produirait le poids lors du coup, ce sont les leviers EΓ et ZΔ qui la produisent, cette force ou même une force plus grande. En effet, quand on les soulève, **854b5** les leviers sont soulevés en sens inverse l'un de l'autre, et, par leur pression, ils brisent la noix en K. Pour la même raison, plus K est près de A, plus rapidement se brise la noix ; en effet, plus le levier s'éloigne du point d'appui, plus il met en mouvement facilement et considérablement sous l'effet de la même force. Le point d'appui est donc en A, les leviers sont ΔAZ et **854b10** ΓAE. Plus donc K est près de l'angle en A, plus il est près du point d'attache A, qui est le point d'appui ; nécessairement donc, sous l'action de la même force, les bras Z et E sont soulevés davantage. De sorte que, puisque le soulèvement se fait dans des sens opposés, la pression est forcément plus importante ; or ce qui est soumis à une pression plus grande **854b15** est brisé plus rapidement.

Problème 22

Pourquoi, lorsque, dans un losange, les deux sommets sont mus de deux translations, chacun d'eux ne se déplace pas sur la même droite, mais l'un d'eux sur une distance plus grande ? C'est la même chose que de demander pourquoi un point transporté sur un côté se déplace sur une distance moindre que la longueur **854b20** du côté. En effet, l'un se déplace sur la petite diagonale, l'autre sur la grande diagonale ; et ce dernier est transporté d'une seule translation, l'autre de deux.

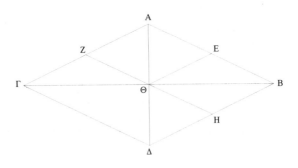

En effet, que, sur la droite AB et avec la même vitesse, le point A se meuve vers le point B, et le point B vers le point A ; que soit transporté aussi le côté AB sur le côté AΓ parallèlement à ΓΔ et à la même vitesse. Il faut **854b25** donc que A soit transporté sur la diagonale AΔ, que B le soit sur la diagonale BΓ, et que, simultanément, ils aient parcouru ces deux droites et le côté AB parcouru le côté AΓ. En effet, que le point A soit transporté sur AE, que AB soit transporté sur AZ, que soit menée la droite ZH parallèlement à AB et que le parallélogramme soit complété depuis le point E. Le parallélogramme ainsi complété **854b30** est donc semblable au parallélogramme entier. AZ est donc égale à AE ; le point A a donc été transporté sur le côté AE. Or AB a été transportée de la longueur AZ. Le point A sera donc sur la diagonale au point Θ. Et il est toujours transporté de toute nécessité le long de la diagonale. En même temps, le côté AB parcourra le côté AΓ, et le point A parcourra la diagonale AΔ. On démontrera **854b35** pareillement que le point B est aussi transporté sur BΓ, car BE est égale à BH. Si donc le parallélogramme est complété à partir du point H, ce parallélogramme intérieur est semblable au parallélogramme entier. Le point B sera sur la diagonale au point d'articulation des côtés, et simultanément le **855a1** côté parcourra le côté et B parcourra la diagonale BΓ. Simultanément donc, le point B parcourt une distance beaucoup plus grande que la distance parcourue par le côté AB, et ce côté parcourt le petit côté, quoiqu'ils soient tous deux mus de la même vitesse, et le côté transporté d'un seul mouvement a parcouru une longueur supérieure à celle parcourue par A. **855a5** En effet, plus le losange est aigu, plus la diagonale AΔ devient petite et la diagonale BΓ devient grande, et plus le côté AB devient plus petit que la droite BΓ. En effet, il est étrange, comme on l'a dit, que le point transporté de deux mouvements soit parfois transporté plus lentement que celui qui n'est transporté que d'un mouvement, et que, de deux points donnés animés de la même vitesse, l'un parcoure une distance supérieure à celle de l'autre.

855a10 La raison en est que, lorsque le point est transporté depuis l'angle obtus, les deux transports sont presque opposés, c'est-à-dire celui selon lequel il est transporté lui-même et celui selon lequel il est transporté par le côté, tandis que, dans le cas de celui qui part de l'angle aigu, on constate qu'il est transporté dans la même direction. En effet, le transport du côté favorise le mouvement sur la diagonale ; et plus **855a15** un angle sera aigu et l'autre obtus, plus l'un des transports sera lent et l'autre rapide. En effet, lorsque l'angle devient plus obtus, les transports se contrarient davantage, et lorsque les lignes se rapprochent, les transports vont davantage dans la même direction. En effet, le point B est transporté presque dans la même direction selon ses deux **855a20** transports ; l'un donc est favorisé par l'autre, et, plus l'angle est aigu, plus c'est cela qui se produit. Quant au point A, c'est le contraire ; il est transporté de lui-même vers B et le côté le transporte vers Δ. Et plus l'angle est obtus, plus les transports sont contraires ; en effet la ligne devient plus droite ; **855a25** si la ligne devenait complètement droite, les transports seraient absolument contraires. En revanche, un côté qui est transporté d'un seul transport n'est empêché par rien ; il est donc normal qu'il fasse un trajet plus grand.

Problème 23

On est embarrassé par la question de savoir pourquoi, de deux cercles inégaux, le grand, dans son mouvement de rotation, développe une ligne égale à celui du petit lorsqu'ils sont concentriques. **855a30** Mais, s'ils tournent séparément, le rapport de leurs trajectoires est le même que celui de leurs grandeurs. En outre, s'ils ont tous deux le même centre, la ligne qu'ils développent dans leur mouvement de rotation est égale tantôt à celle que développe le petit cercle tout seul, **855a35** tantôt à celle du grand. Que d'abord le grand cercle développe une ligne plus grande, c'est évident. En effet, on le voit, l'arc décrit par chaque cercle au moyen de son diamètre propre paraît être un angle qui est plus grand dans le cas du grand cercle, et plus petit dans le cas du petit, **855b1** de sorte qu'il est clair que ces deux arcs auront le même rapport que les lignes développées par les cercles en rotation. Ensuite, il est évident que, lorsqu'ils sont concentriques, leur rotation se fait selon la même ligne ; ce qui fait que cette ligne est égale tantôt à celle que développe le grand cercle, tantôt à celle du petit cercle.

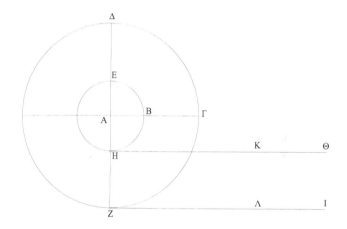

855b5 Soit un grand cercle marqué ΔZΓ, un petit cercle marqué EHB, et le centre commun A. Que la ligne que développe le grand cercle pour lui-même soit la ligne marquée ZI, et que celle du petit soit égale à la ligne marquée ZΛ. Si donc je mets en mouvement le petit cercle, je meus le centre commun **855b10** A. Que soit fixé le grand cercle. Dès lors, lorsque AB devient perpendiculaire à HK, simultanément AΓ aussi devient perpendiculaire à ZΛ, de sorte que l'arc marqué HB aura parcouru la ligne HK, qui est égale à la ligne ZΛ qu'aura parcourue l'arc ZΓ. Or, si le quart de la circonférence développe dans sa rotation une ligne égale, il est clair que le cercle entier **855b15** aura développé dans sa rotation une ligne égale à celle du cercle entier, de sorte que, lorsque la ligne HB arrive en K, l'arc ZΓ sera sur la ligne ZΛ, et le cercle aura développé en entier sa trajectoire.

Pareillement, si je meus le grand cercle après avoir fixé le petit, le centre étant commun, les droites AB et AΓ seront simultanément perpendiculaires, l'une, **855b20** à ZI, l'autre, à HΘ. De sorte que, lorsque l'un des cercles aura parcouru une ligne

égale à HΘ, et l'autre à ZI, que AZ sera de nouveau à angles
droits avec ZΛ, que ZA sera de nouveau à angles droits avec ZΛ
et que AH sera de nouveau à angles droits avec HK, alors les
cercles seront en Θ et en I dans la même position qu'au début.
Mais le grand cercle ne s'arrête pas pour attendre le petit, et
donc ne reste pas immobile pendant un certain temps **855b25**
en un même point, car les deux cercles se meuvent tous deux
de manière continue, et le petit ne saute pas par-dessus un point.

Il est étrange que le grand cercle parcoure une ligne égale
à celle que parcourt le petit, et que le petit parcoure une ligne
égale à celle que parcourt le grand. En outre, il est étonnant
que, comme le mouvement est toujours un, le centre mis en
mouvement développe tantôt une grande trajectoire, et tantôt
une petite. **855b30** En effet, un même point transporté avec une
même vitesse parcourt par nature une distance égale ; or dans
l'un et l'autre cas, il est possible de mouvoir avec la même
vitesse sur une distance égale.

Le principe qu'il faut considérer pour comprendre la cause
de ces phénomènes est celui-ci : une force identique et égale
meut une grandeur soit lentement, soit rapidement. Supposons
un corps qui n'est pas doué **855b35** d'un mouvement propre
par nature ; si ce corps est mû simultanément par un autre corps
lui-même mû par nature, le premier corps sera mû plus lentement
que s'il se mouvait de manière indépendante. Et si ce corps est
doué d'un mouvement par nature, mais qu'il n'y a aucun mouvement qui vienne en rien en même temps de lui, il en ira de
même. Et il est impossible qu'un corps soit mû davantage que
celui qui le meut, puisqu'il ne se meut pas d'un mouvement qui
vient de lui, mais **856a1** du mouvement du moteur.

Soient donc un grand cercle A et un petit cercle marqué B.
Si le petit cercle pousse le grand, qui n'a pas lui-même de mouvement de rotation, il est évident que le grand parcourra de sa
trajectoire autant qu'il aura été poussé par le petit ; **856a5** or il
aura été poussé autant que le petit aura été mû. Ils auront donc
parcouru la même partie de la trajectoire. Il est donc nécessaire
encore, si le petit pousse en tournant le grand, que le grand soit
animé d'un mouvement de rotation en même temps qu'il est

poussé, et que cette rotation soit égale à celle dont le petit a été animé, si le grand n'est mû en rien d'un mouvement propre. En effet, si le moteur meut d'une certaine quantité, le corps mû sous l'action du moteur doit être mû de la même quantité. **856a10** Mais le petit cercle a mû le grand circulairement d'une certaine quantité et sur une longueur d'un pied (admettons que ce soit de cette quantité qu'il a été mû), et le grand cercle a donc été mû de la même quantité. Pareillement, si le grand cercle meut le petit, le petit sera mû comme meut aussi le grand, de quelque façon que le grand cercle soit mû en lui-même, **856a15** que ce soit rapidement ou lentement. Mû à la même vitesse, le petit cercle parcourra d'emblée la même ligne que celle qu'aura déroulée par nature le grand cercle.

Ce qui fait difficulté, c'est pourquoi la situation est tout à fait différente lorsque les cercles sont attachés l'un à l'autre, c'est-à-dire lorsque l'un est mû par l'autre d'un mouvement qui n'est pas son mouvement naturel, ni d'un mouvement qui vient de lui. En effet, il n'y a pas **856a20** de différence entre eux, quel que soit celui qui est le cercle enveloppant, ou le cercle qui est fixé ou attaché à l'autre. En effet, lorsque l'un meut et que l'autre est mû par le moteur, il se produit le même phénomène qui fait que autant meut l'un des cercles, autant l'autre est mû. D'abord, lorsqu'on met en mouvement un cercle qui est appuyé ou suspendu à un autre, on ne fait pas tourner l'autre sans arrêt ; en revanche, lorsqu'ils sont placés autour du même centre, **856a25** l'un est toujours nécessairement tourné par l'autre. Néanmoins, l'un des deux ne se meut pas d'un mouvement propre, mais comme s'il ne possédait aucun mouvement ; et c'est la même chose qui se produit s'il a un mouvement propre, mais qu'il ne l'exerce pas.

Quand d'abord le grand cercle meut le petit qui lui est lié, le petit se meut sur une longueur qui est la même que celle du grand ; en revanche, lorsque c'est le petit qui meut le grand, **856a30** inversement, c'est le grand qui se meut sur la même longueur que le petit. Mais quand ils sont séparés, chacun d'eux ne meut que lui-même. Objecter que, alors que les cercles ont le même centre et meuvent avec la même vitesse, il se produit qu'ils parcourent une distance inégale,

c'est faire des paralogismes sophistiques. En effet, le centre
est le même pour les deux cercles, mais par accident, comme
856a35 « lettré » et « blanc » ; car le fait que chaque cercle
ait le même centre ne veut pas dire qu'il a la même fonction
pour chacun. Quand d'abord le moteur est le petit cercle, le
centre et le principe lui appartiennent ; en revanche, quand
c'est le grand, le centre appartient au grand. L'origine du
mouvement n'est donc pas la même au sens absolu, tout en
l'étant d'une certaine façon.

Problème 24

Pourquoi fait-on les lits deux fois plus longs que larges,
856b1 avec un côté d'un peu plus de six pieds, et l'autre de
trois ? Et pourquoi ne tend-on pas les cordes diagonalement ?
Est-ce qu'on leur donne ces dimensions pour qu'elles répondent
à celles du corps humain ? Deux fois plus longs que larges
veut dire quatre coudées en longueur et **856b5** deux coudées
en largeur. Les cordes ne sont pas tendues diagonalement, mais
joignent les côtés, pour que les bois se brisent moins facilement ; en effet, ils se fendent très facilement lorsqu'ils sont
divisés selon leur nature de cette manière, et lorsqu'on tire sur
les bois de cette façon, ils souffrent tout particulièrement. En
outre, puisqu'il faut que les cordes puissent porter un poids,
les bois souffriront moins si le poids est placé sur des cordes
placées de travers **856b10** plutôt que sur des cordes placées
diagonalement. En outre, de cette manière, on a besoin de moins
de cordes.

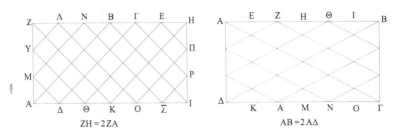

ZH = 2ZA   AB = 2AΔ

Soit un lit AZHI, et que ZH soit divisée en deux parties égales au point B. En ZB et en ZA, il y a donc un nombre égal de trous ; en effet, les côtés sont égaux, puisque la droite entière ZH est le double. Les cordes sont tendues comme on l'a dit plus haut, **856b15** de A à B, puis de Γ à Δ, puis de Θ à E, et ainsi de suite, jusqu'à ce qu'elles prennent le tournant à l'autre angle ; en effet, c'est en deux angles que sont attachées les extrémités de la corde. D'autre part, les sommes des cordes qui forment les angles sont égales, c'est-à-dire que la somme de AB et de BΓ est égale à la somme de ΓΔ et de ΔΘ ; et pareillement **856b20** pour les autres, car la démonstration vaut partout.

En effet, AB est égale à EΘ, puisque les côtés du parallélogramme BHKA sont égaux, et les trous sont placés à des distances égales. D'autre part, BH est égale à KA, puisque l'angle B est égal à l'angle H ; en effet, l'un est extérieur, l'autre est intérieur †, et ils sont égaux †. D'autre part, l'angle B est la moitié d'un angle droit ; en effet, **856b25** ZB est égale à ZA, et l'angle en Z est droit ; or l'angle B est égal à l'angle en Z, car l'angle en Z est droit, puisque le rectangle est deux fois plus long que large et qu'il est coupé par le milieu. De sorte que BΓ est égale à EH et KΘ égale à EH, car elle lui est parallèle, si bien que BΓ est égale à KΘ et ΓE égale à ΔΘ. **856b30** On démontre pareillement que les sommes de deux autres droites qui forment les angles sont égales. De sorte qu'il est clair que la longueur des cordes utilisées dans le lit est égale au quadruple de AB. Et, dans ZB, qui est la moitié de ZH, il y a moitié moins de trous que dans ZH. De sorte que, dans la moitié du **856b35** lit, il y a autant de longueur de corde que dans BA, et autant de trous que dans BH, ce qui revient à dire qu'il y en a autant que dans la somme de AZ et BZ. Mais si les cordes étaient tendues diagonalement comme dans le lit ABΓΔ, leurs moitiés ne seraient pas aussi longues **857a1** que la somme des côtés AZ et ZH, mais égales au nombre de trous dans la somme de AZ et BZ ; or la somme des deux droites AZ et BZ est plus grande que la droite AB. De sorte que la corde est d'autant plus grande que la somme des deux côtés est plus grande que la diagonale.

Problème 25

857a5 Pourquoi est-il plus difficile de porter de longues pièces de bois sur l'épaule par une extrémité que par le milieu, le poids étant le même ? Est-ce parce que, comme la pièce de bois oscille, elle gêne le transport, en faisant obstacle au déplacement par ses vibrations ? Mais n'est-il pas vrai que, même si elle ne se courbe nullement et n'est pas très longue, il est plus difficile **857a10** de la porter par son extrémité ? C'est parce qu'on la soulève plus facilement par le milieu que par une extrémité qu'il est facile aussi de la porter de cette façon. La cause en est que lorsqu'elle est soulevée par le milieu, les extrémités s'allègent toujours mutuellement et que l'un des côtés soulève l'autre. Le milieu, à l'endroit où la pièce est soulevée ou transportée, devient le centre. **857a15** Chacune des extrémités, qui s'incline vers le bas, soulève donc l'autre vers le haut. Mais lorsque le bois est soulevé ou porté à l'extrémité, le phénomène ne se produit pas, mais tout le poids pèse dans une seule direction.

Soit le milieu du bois marqué A, là où il est soulevé ou porté, et soient les extrémités marquées B et Γ. Si la pièce de bois est soulevée ou portée en A, l'extrémité B **857a20** s'incline vers le bas et soulève l'extrémité Γ vers le haut, ou Γ s'incline vers le bas et soulève B vers le haut ; mais c'est lorsqu'elles sont soulevées simultanément que les extrémités font cela.

Problème 26

Pourquoi, si le même objet pesant est très long, il est plus difficile de le porter sur l'épaule, même si on le porte au milieu, que s'il est plus petit ? Il a été dit, dans le problème précédent, que les oscillations ne jouaient aucun rôle. **857a25** Mais maintenant ce sont les oscillations qui en sont la cause. En effet, quand la pièce de bois est longue, les extrémités oscillent davantage, si bien que le porteur a plus de mal à la porter. D'autre part, si les oscillations sont plus importantes, c'est parce que, le mouvement étant le même, le déplacement des extrémités d'une pièce de bois est d'autant plus important qu'elle est plus longue. En effet, l'épaule est le centre **857a30** marqué A, qui reste immobile, AB et AΓ sont les rayons. Plus les rayons AB et AΓ sont longs, et plus l'amplitude du mouvement est grande. C'est ce qui a été démontré auparavant.

Problème 27

Pourquoi installe-t-on des balanciers à côté des puits de la façon que voici ? **857a35** On adapte un poids de plomb à la pièce de bois, et le seau lui-même est pesant, qu'il soit vide ou plein. Est-ce parce que, le travail étant scindé en deux moments (car il faut plonger le seau, puis le tirer vers le haut), il n'y a pas de difficulté à plonger le seau vide, **857b1** alors qu'il est difficile de le soulever quand il est plein ? Même si on le fait descendre un peu plus lentement, l'avantage est que le poids que l'on soulève est considérablement allégé. C'est ce que font le plomb ou la pierre attachés à l'extrémité du balancier ; en effet, lorsqu'on le fait descendre, **857b5** le poids devient plus grand que s'il s'agissait seulement de faire descendre le seau vide ; lorsque le seau est plein, le plomb, ou quel que soit le poids ajouté, le fait monter ; de sorte que les deux mouvements sont plus faciles à exécuter de cette manière que de l'autre façon.

Problème 28

Pourquoi, lorsque deux hommes portent un même poids sur une pièce de bois ou quelque chose du même genre, **857b10** ne ressentent-ils pas la pression de manière égale si le poids n'est pas placé au milieu, mais que, plus le poids est rapproché des porteurs, et plus la pression est forte ? Est-ce parce que, dans cette situation, la pièce de bois est le levier, le poids est le point d'appui, le porteur le plus proche du poids est le mû, l'autre **857b15** porteur est le poids moteur ? En effet, plus le porteur est éloigné du poids, plus il le meut facilement, et plus forte est la pression vers le bas qu'il exerce sur l'autre porteur, comme si le poids placé sur la planche exerçait une pression contraire et agissait comme un point d'appui. Mais, lorsque le poids est placé au milieu, aucun des deux porteurs n'accroît le poids qu'il représente pour l'autre, ni n'est l'équivalent **857b20** d'un moteur, mais chacun d'eux représente un poids pour l'autre de manière identique.

Problème 29

Pourquoi, lorsqu'on se lève, le fait-on toujours en faisant un angle aigu entre la jambe et la cuisse et entre la cuisse et le buste ? Sinon, on ne pourrait pas se lever. Est-ce parce que l'égal est toujours la cause du repos, que l'angle droit est la cause **857b25** de l'égal et produit l'immobilité ? (C'est aussi pourquoi < les corps pesants > sont transportés à angles égaux avec la circonférence terrestre, autrement dit en faisant un angle droit avec la surface.) Ou bien est-ce parce que, en se levant, on prend la position droite, et qu'il est nécessaire que, une fois levé, on soit perpendiculaire à la terre ? Si donc on veut se placer en position droite, c'est-à-dire de manière à ce que la tête et **857b30** les pieds soient alignés, pour cela il faut se lever. Quand donc l'on est assis, on a la tête parallèle aux pieds et pas sur une seule droite.

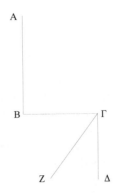

Soit la tête A, le buste AB, la cuisse BΓ et la jambe ΓΔ. Le buste est à angle droit avec la cuisse et la cuisse est à angle droit avec la jambe **857b35** lorsqu'on est assis de cette manière, de sorte que, dans cette position, on ne peut pas se lever. Mais il faut incliner la jambe et mettre les pieds sous la tête. C'est le résultat qu'on obtiendra en plaçant ΓΔ dans la position ΓZ ; il arrivera qu'à la fois on se lève, qu'on a **858a1** la tête et les pieds sur la même droite ; quant à la droite ΓZ, elle fait un angle aigu avec ΓB.

Problème 30

Pourquoi est-il plus facile de mouvoir un corps en mouvement qu'en repos, par exemple, pourquoi pousse-t-on plus rapidement des chars déjà en mouvement que des chars qui commencent à se mouvoir ? **858a5** Est-ce parce qu'il est très difficile de mouvoir un poids qui est déjà en mouvement en sens contraire ? En effet, une partie de la force du moteur est perdue, même s'il est beaucoup plus rapide ; car la poussée du corps auquel on imprime une direction contraire est nécessairement plus lente. Deuxièmement, il en ira de même si le corps en repos ; en effet, le corps en repos offre lui aussi une force de résistance. En revanche, un corps qui se meut dans la même direction que celle qui lui est imprimée produit **858a10** le même effet que si la force et la vitesse du moteur étaient accrues. Car l'effet que produirait le moteur est le même que celui que le corps produit en étant mû dans sa propre direction.

Problème 31

Pourquoi les projectiles cessent-ils d'être transportés ? Est-ce que c'est lorsque la force projetante s'arrête, ou lorsqu'ils sont poussés en sens contraire, ou à cause de **858a15** leur tendance à tomber, si celle-ci l'emporte sur la force projetante ? Ou bien est-il absurde de se poser une question de ce genre, lorsqu'on n'a pas de principe auquel se rattacher ?

Problème 32

Pourquoi un corps se meut-il, mais pas de son mouvement propre, lorsque la force projetante ne l'accompagne ni ne le pousse plus ? N'est-ce pas, manifestement, parce qu'il a commencé par pousser un autre corps, et que cet autre corps pousse encore autre chose ? Mais il s'arrête **858a20** lorsque ce qui pousse en avant le corps transporté n'a plus la force de le pousser, et lorsque le poids du corps transporté possède une tendance à tomber plus forte que la force qui le pousse en avant.

Problème 33

Pourquoi ni les corps trop petits, ni les corps trop grands ne sont transportés loin quand ils sont lancés, mais qu'il faut qu'il y ait une certaine proportion avec **858a25** le lanceur ? Est-ce parce que le corps lancé et poussé doit nécessairement offrir de la résistance envers ce qui le pousse ? Mais ce qui, à cause de sa grande taille, ne cède nullement, exactement comme ce qui, à cause de sa faiblesse, n'offre aucune résistance, ne produisent ni projection ni propulsion. D'abord, un corps qui dépasse de beaucoup la force propulsive ne cède donc nullement ; en revanche, un corps qui est très faible n'offre aucune **858a30** résistance. Ou bien est-ce parce que le corps transporté l'est aussi loin qu'il peut mettre en mouvement l'air dans la direction de la profondeur ? Mais le corps qui n'est nullement en mouvement ne peut rien mouvoir. Ce sont ces deux phénomènes qui se produisent pour ces corps ; **858b1** en effet, un très grand corps ou un très petit corps sont comme s'ils n'étaient pas mus, car l'un ne peut rien mouvoir, et l'autre n'est absolument pas mû.

Problème 34

Pourquoi les corps transportés dans de l'eau qui tourbillonne **858b5** finissent-ils tous par être portés au centre ? Est-ce parce que le corps transporté a une taille qui fait que ses extrémités se trouvent sur deux cercles, l'une sur un petit, l'autre sur un grand cercle ? De sorte que le grand cercle, comme il est transporté plus rapidement, le fait tourner et le propulse de biais vers le petit cercle. Mais puisque le corps transporté a de la largeur, **858b10** l'autre cercle fait la même chose à son tour et le pousse vers un autre cercle intérieur, jusqu'à ce que le corps aille au centre. Le corps demeure alors à cet endroit parce que, étant au centre, il est semblablement placé par rapport à tous les cercles ; en effet, dans chaque cercle, le centre est également éloigné de la périphérie. Ou bien est-ce parce que les corps que le mouvement de l'eau **858b15** qui tourbillonne ne peut dominer à cause de leur taille et en raison du fait que, à cause de leur poids, ils excèdent la vitesse du cercle, doivent nécessairement être laissés en arrière et transportés plus lentement ? Or le petit cercle est transporté plus lentement ; en effet, lorsqu'ils sont concentriques, le grand cercle, dans un temps égal, < ne > se déplace < pas > autant que le petit cercle en tournant. De sorte que **858b20** le corps doit nécessairement être laissé dans le cercle plus petit, jusqu'à ce qu'il arrive au centre. Quant à ceux que leur transport domine au début, ce transport fera la même chose au moment de cesser ; en effet, il est nécessaire qu'un premier cercle, puis le suivant, l'emporte d'emblée sur le poids par sa vitesse, de sorte que tout corps soit toujours conduit dans le cercle intérieur. En effet, le corps qui n'est pas dominé doit être déplacé vers l'intérieur ou l'extérieur ; **858b25** il ne peut pas se mouvoir sur le cercle dans lequel il est, et encore moins vers le cercle extérieur, puisque le mouvement de celui-ci est plus rapide. Reste que le corps non dominé change de lieu pour aller vers le cercle intérieur.

Or chaque objet a une tendance qui le pousse à ne pas être dominé. Mais puisque **858b30** le fait d'aller au centre cause la fin du mouvement, et que seul le centre demeure en repos, tous les corps se rassemblent nécessairement à cet endroit.

DES LIGNES INSÉCABLES

Première partie

Arguments des partisans des lignes insécables

968a1 Existe-t-il des lignes insécables et, d'une manière générale, y a-t-il quelque chose qui soit dépourvu de parties dans tout ce qui relève de la quantité, comme d'aucuns le prétendent ?

Premier argument : la quantité et le nombre

S'il est vrai que la quantité comporte le *beaucoup* et le *grand*, au même titre que leurs opposés, le *peu* et le *petit*, et que ce qui admet des divisions en nombre à peu près infini **968a5** n'est pas *peu* mais *beaucoup*, il est clair que le *peu* et le *petit* admettront des divisions en nombre fini. Mais, si les divisions sont en nombre fini, il existe nécessairement une grandeur dépourvue de parties ; par conséquent, toute quantité comportera quelque chose qui est dépourvu de parties, puisqu'elle comporte aussi le *peu* et le *petit*.

Deuxième argument : l'Idée est indivisible

En outre, s'il est vrai qu'il existe une Idée de la ligne, que **968a10** l'Idée a le premier rang dans les choses qui ont le même nom qu'elle, et que les parties sont par nature antérieures au tout, la ligne en soi doit être indivisible ; de même pour le carré, le triangle et les autres figures et, en général, pour la surface en soi et le corps en soi ; autrement, il en résulterait qu'il y aurait des choses qui leur seraient antérieures.

Troisième argument :
l'élément est indivisible

En outre, s'il est vrai qu'un corps comporte des **968a15** éléments, que rien n'est antérieur aux éléments et que les parties sont antérieures au tout, le feu et, d'une manière générale, chacun des éléments des corps doit être indivisible ; par conséquent, c'est non seulement dans les êtres intelligibles, mais aussi dans les êtres sensibles qu'il existe quelque chose qui est dépourvu de parties.

Quatrième argument :
la dichotomie zénonienne

En outre, l'argument de Zénon implique nécessairement l'existence d'une grandeur dépourvue de parties, s'il est vrai **968a20** qu'il est impossible que, dans un temps fini, l'on puisse entrer en contact avec une infinité de choses en les touchant une à une. Car il faut bien que le mobile arrive d'abord au milieu, et ce qui n'est pas dépourvu de parties comporte toujours une moitié. – En revanche, si l'on admet qu'un mobile se déplaçant sur une ligne puisse toucher une infinité de choses en un temps fini, ensuite, s'il est vrai qu'un objet plus rapide **968a25** parcourt une distance plus longue dans un temps égal, et qu'enfin le mouvement le plus rapide est celui de la pensée, alors la pensée peut toucher une à une une infinité de choses **968b1** en un temps fini. De sorte que si, compter c'est entrer en contact par la pensée avec les choses prises une à une, il est loisible de compter une infinité d'objets en un temps fini. Mais s'il est vrai que cette hypothèse se révèle impossible, il doit exister une ligne insécable.

Cinquième argument :
les mathématiques

En outre, selon les partisans de cette théorie, **968b5** les conceptions des mathématiciens impliquent elles aussi l'existence d'une ligne insécable, s'il est vrai que les lignes qui sont mesurées par une même mesure sont commensurables et que toutes celles qui sont commensurables sont mesurées par la même mesure. – En effet, il doit y avoir une longueur permettant de les mesurer toutes et qui est nécessairement indivisible. Car si elle est divisible, ses parties seront aussi des mesures, **968b10** étant commensurables à la mesure entière. De sorte que la moitié de la mesure serait égale à son double ; or, puisque c'est impossible, la mesure doit être indivisible. De même, les lignes mesurées une fois par l'unité de mesure sont constituées de lignes dépourvues de parties, exactement comme toutes celles qui sont composées au moyen de la mesure.

La même chose se produira dans le cas des surfaces. **968b15** Tous les carrés décrits sur les lignes rationnelles sont commensurables entre eux, de sorte que leur mesure sera dépourvue de parties. Mais, si une ligne fixée et finie est mesurée par une mesure quelconque, elle ne sera ni rationnelle, ni irrationnelle ; elle ne sera pas non plus aucune des autres lignes dont les divisions sont rationnelles en carré, comme l'apotomè ou la binomiale. **968b20** Ces lignes n'auront plus en elles-mêmes de nature qui leur soit propre, mais seront rationnelles ou irrationnelles l'une relativement à l'autre.

Deuxième partie

I. Réfutation des cinq arguments en faveur de la théorie

Réfutation du premier argument Premièrement, il n'est pas obligatoire que ce qui admet une infinité de divisions ne puisse pas être *petit* [ou *peu*]. En effet, il nous est loisible d'appeler *petit* un lieu, une grandeur et, d'une manière générale, un continu [et *peu nombreuses* les choses auxquelles s'applique ce qualificatif], **968b25** tout en disant qu'ils admettent une infinité de divisions.

En outre, à supposer que la ligne composée soit faite de lignes insécables, c'est en tenant compte du nombre de ces dernières qu'on peut la qualifier **969a1** de petite. – *Et elle comprend une infinité de points* ; or, en tant que ligne, elle admet une division à l'endroit d'un point ; et toute ligne non insécable doit admettre une infinité de divisions réparties indifféremment sur n'importe quel point ; or certaines de ces lignes sont petites. – *Et les rapports sont en nombre infini* ; or il est possible de couper toute ligne **969a5** non insécable selon un rapport prescrit.

En outre, s'il est vrai que le *grand* est composé de *petits*, ou bien le *grand* ne sera rien, ou bien il admettra un nombre fini de divisions, car le tout n'a pas plus de divisions que n'en comportent ses parties. Mais il est absurde que le *petit* admette un nombre fini de divisions et le *grand* **969a10** un nombre infini. C'est pourtant ce qu'ils prétendent. Il est clair, dès lors, que ce qui fait appeler l'un, *grand*, l'autre, *petit*, ne se fonde pas sur le nombre de leurs divisions, qui serait fini dans un cas, infini dans l'autre.

D'autre part, il est naïf de prétendre que, s'il est vrai que, dans les nombres, le *peu* admet un nombre fini de divisions, il doive en aller de même pour le *petit* dans les lignes. Car, dans les nombres, la génération se fait à partir d'éléments dépourvus de parties, **969a15** et il existe quelque chose qui est le principe des nombres, et tout nombre qui n'est pas infini admet un nombre fini de divisions. Mais il en va différemment dans les grandeurs.

**Réfutation
du deuxième argument**

Quant à ceux qui établissent les lignes insécables dans les Idées, ils assument certainement, en posant des Idées de ces lignes, une thèse logiquement subordonnée à celle qui est en jeu. D'une certaine façon, ils ruinent **969a20** les principes de leurs démonstrations ; en effet, leurs raisonnements ruinent l'existence de ces Idées.

**Réfutation
du troisième argument**
Ensuite, à propos des éléments des corps, il est naïf de prétendre qu'ils sont dépourvus de parties. En effet, s'il est vrai qu'il y a, dans ce cas aussi, des penseurs pour le soutenir, les partisans des lignes insécables, eux, du moins pour l'enquête qui nous occupe, commettent une pétition de principe. Plus on se rendra compte qu'il s'agit d'une pétition de principe, **969a25** plus le corps apparaîtra plus divisible que la longueur, tant en volume que selon ses dimensions.

**Réfutation
du quatrième argument**
Quant à l'argument de Zénon, il ne prouve pas que le mobile ne puisse pas être en contact de la même façon avec une infinité de choses dans un temps fini. En effet, le temps et la longueur peuvent se dire l'un et l'autre aussi bien infinis que finis, **969a30** et ils admettent des divisions en nombre identique.

Il n'est pas vrai non plus que compter soit entrer en contact par la pensée avec une infinité de choses prises une à une, à supposer même que l'esprit soit capable de toucher de cette manière une infinité de choses, ce qui est certainement impossible. En effet, **969b1** le mouvement de la pensée ne s'effectue pas dans les continus et les substrats, à la manière de celui des mobiles. Si donc elle était capable de se mouvoir de cette manière, cela n'aurait rien à voir avec l'acte de compter, car compter suppose des temps d'arrêt. Il est vraiment absurde, si l'on est incapable de résoudre cet argument, d'être l'esclave **969b5** de son impuissance et, dans le désir de remédier à son incapacité, de se tromper encore davantage.

**Réfutation
du cinquième argument
et retour sur l'argument
de Zénon**
Quant à l'argument des lignes commensurables, selon lequel elles sont toutes mesurées par une seule et même mesure, il est tout à fait sophistique et n'a rien à voir avec les fondements des mathématiques. En effet, les mathématiques n'ont pas recours à un fondement de cet ordre qui, de toute façon, **969b10** leur serait inutile. En même temps, il est contradictoire de

vouloir que toute ligne soit commensurable et qu'il y ait de plus une mesure commune pour toutes les lignes commensurables. Il est par conséquent ridicule de prétendre qu'on va mettre sa démonstration en accord avec les doctrines des mathématiciens et prendre pour fondement leurs théories, tout en versant dans un argument à la fois éristique et sophistique, et aussi **969b15** faible que celui-là. Car il est faible sous bien des rapports et parfaitement incapable d'échapper aux paradoxes et aux réfutations.

En outre, il serait absurde, sous prétexte qu'on n'a rien à opposer à l'argument de Zénon, de se laisser persuader d'inventer des lignes insécables. – Lorsqu'une droite engendre par son mouvement un demi-cercle, elle coupe nécessairement **969b20** d'emblée la demi-circonférence en des points entre lesquels tombent une infinité d'arcs de cercle et de cordes. Si, ensuite, on lui fait décrire un cercle entier, on se persuadera aisément qu'elle a nécessairement parcouru chacun des [...?] si elle a parcouru le demi-cercle. Tous les autres théorèmes de ce genre relatifs aux lignes nous conduisent nécessairement à l'impossibilité d'admettre que soit accompli **969b25** un mouvement où tous les intermédiaires n'auraient pas été d'abord touchés ; de fait, ces arguments font l'objet d'un accord bien plus général que ceux de nos adversaires.

Il ressort donc manifestement des raisonnements précédents que l'existence des lignes insécables n'est ni nécessaire ni vraisemblable.

II. Preuves tirées des mathématiques

Les arguments suivants et, en premier lieu, **969b30** les démonstrations et les hypothèses mathématiques, qu'on n'a pas le droit de renverser, sauf à le faire au moyen d'arguments plus dignes de foi, le feront encore mieux voir.

A) Premier groupe d'arguments

1) La définition de la ligne   D'abord, ni la définition de la ligne, ni celle de la droite, ne conviendront à la ligne insécable, car celle-ci n'est pas comprise entre des extrémités et n'a pas de milieu.

2) Disparition de l'incommensurabilité   Ensuite, toutes les lignes **970a1** seront commensurables, car toutes, qu'elles soient commensurables en longueur ou en carré, seront mesurées par des lignes insécables. Or les lignes insécables sont commensurables en longueur, puisqu'elles sont égales ; elles le sont donc aussi en carré ; dans ces conditions, le carré est toujours rationnel.

3) L'application des aires   En outre, s'il est vrai que **970a5** l'aire appliquée au plus grand côté d'un rectangle en détermine la largeur, l'aire égale au carré construit sur la ligne insécable, appliquée à une ligne de longueur double, détermine une largeur plus courte que la ligne dépourvue de parties, car cette largeur sera plus courte que le côté du carré construit sur la ligne insécable.

4) Le triangle et le carré construits sur les lignes insécables   En outre, s'il est vrai qu'il faut trois droites pour construire un triangle, on pourra aussi en construire un avec des lignes insécables. **970a10** Mais, dans tout triangle équilatéral, la perpendiculaire tombe au milieu de la base ; par conséquent, elle tombera aussi au milieu de la ligne insécable.

En outre, si l'on prend un carré fait de lignes dépourvues de parties, que l'on trace la diagonale et que l'on mène la perpendiculaire, le carré du côté équivaut à la somme des carrés de la perpendiculaire et de la demi-diagonale, de sorte que ce côté n'est pas la ligne la plus petite.

5) *Le problème* De plus, il sera faux que le carré
de la duplication du carré construit sur la diagonale **970a15**
vaille le double du carré construit
sur la ligne insécable. En effet, si l'on retranche de la diagonale une longueur égale au côté du carré, la différence sera
inférieure à la ligne insécable ; car si cette différence était
égale, le carré de la diagonale serait le quadruple du carré de
la ligne insécable.

On pourrait réunir d'autres exemples du même genre, qui
s'opposent pour ainsi dire à tous les faits mathématiques.

B) Second groupe d'arguments :
La ligne insécable ne jouit
d'aucune des propriétés
de la ligne en général

1) *Le contact de deux lignes* Autres arguments : **970a20** il
n'existe qu'une seule manière
de mettre en contact la ligne dépourvue de parties avec une autre,
alors qu'il y en a deux pour une ligne ordinaire, qui peut-être
mise en contact avec une autre ligne sur toute sa longueur ou
bien bout à bout, par son extrémité.

2) *L'addition de deux lignes* En outre, si l'on ajoute une ligne
insécable à une autre ligne, l'en-
semble ne sera pas plus grand, car l'adjonction de grandeurs
dépourvues de parties ne forme pas un plus grand total.

3) *La ligne est continue* En outre, s'il est vrai que l'addition de deux grandeurs dépourvues
de parties n'engendre aucun continu (tout continu admettant
une pluralité de divisions), **970a25** et que, sauf la ligne insécable, toute ligne est continue, il ne peut exister de ligne
insécable.

**4) La division d'une ligne
en parties égales
et inégales**
En outre, si toute ligne, sauf la ligne insécable, est divisible en parties égales et inégales, elle se divise en parties inégales même si elle n'est pas composée de trois ou, en général, d'un nombre impair de lignes insécables, de sorte que la ligne insécable sera divisible. – Il en ira de même si la ligne est coupée en deux parties égales ; en effet, toute ligne, même si elle est composée **970a30** d'un nombre impair de lignes insécables, < peut être divisée en deux parties égales >. – Mais, si toute ligne ne peut pas être coupée en deux parties égales, à l'exception de celle qui est faite d'un nombre pair de lignes insécables et si, d'autre part, une ligne divisée en deux parties égales peut être coupée en deux parties inégales, alors la ligne insécable sera aussi divisible, quand la ligne composée d'un nombre pair de lignes insécables sera divisée en parties inégales.

**5) Application de l'argument
précédent au mouvement
et au temps**
Derechef, si un mobile parcourt dans un **970b1** temps donné une ligne entière, il mettra la moitié de ce temps pour parcourir la moitié de la ligne, et en mettra moins de la moitié pour en parcourir moins de la moitié, de sorte que si la longueur est composée d'un nombre impair de lignes insécables, on retombera sur la coupure médiane des lignes insécables, si **970b5** le mobile parcourt la moitié du trajet dans la moitié du temps ; car le temps et la ligne seront coupés dans le même rapport. < Il en ira de même si la longueur est composée d'un nombre pair de lignes insécables. > Par conséquent, aucune ligne composée de lignes insécables ne sera coupée dans le même rapport que le temps, s'il existe des lignes insécables. – On l'a dit, composer toutes ces grandeurs d'éléments dépourvus de parties relève d'une argumentation identique.

6) Les extrémités d'une ligne **970b10** En outre, toute ligne qui n'est pas infinie comporte deux extrémités qui la délimitent. Or la ligne insécable n'est pas infinie, de sorte qu'elle aura une extrémité. Elle sera donc divisible, puisque l'extrémité est autre chose que ce dont elle est l'extrémité. Ou bien alors il existera une ligne ni infinie ni finie, à part de ces dernières.

7) La ligne comporte des points En outre, aucune ligne ne pourra comporter de points. **970b15** La ligne insécable n'en comportera pas, car si elle en comportait un seul, elle se réduirait à un point, et si elle en comportait plusieurs, elle serait divisible. Si, d'abord, la ligne insécable ne comporte pas de points, une ligne ordinaire n'en comportera pas non plus, puisque toutes les autres lignes sont composées de lignes insécables.

En outre, entre deux points, il n'y aura rien ou il y aura une ligne ; mais, s'il y a **970b20** une ligne, et s'il est vrai que toute ligne comporte plusieurs points, il n'existera pas de ligne insécable.

8) La limite d'une ligne est un point. Deux hypothèses **970b23-28** a) En outre, la limite d'une ligne sera une ligne et non un point [car ce qui est ultime est une limite, et la ligne insécable est quelque chose d'ultime]. En effet, si la limite était un point, la ligne insécable aurait un point comme limite, et une ligne surpasserait d'un point une autre ligne. b) Mais, si le point fait partie de la ligne insécable, alors, en vertu du fait que deux lignes en continuité ont la même limite, ce point sera la limite d'une ligne dépourvue de parties.

9) La ligne insécable se confond avec le point **970b29-30** D'une manière générale, en quoi le point différera-t-il de la ligne insécable ? Celle-ci n'aura rien qui la distingue du point, à part le nom.

*10) Le carré construit
sur la ligne insécable
est lui aussi insécable,
à la différence
des carrés ordinaires*

970b21-23 En outre, on ne pourra pas construire de carré sur toutes les lignes. En effet, le carré aura longueur et largeur ; il sera donc divisible, puisque la longueur et la largeur sont différentes l'une de l'autre. Mais, si le carré est divisible, la ligne le sera aussi ; < et si la ligne ne l'est pas, le carré ne le sera pas non plus >.

*11) Même argument
pour les solides*

970b30 En outre, pareillement, si la surface est insécable, le corps le sera aussi. En effet, si un être géométrique est indivisible, les autres se conformeront à lui, parce que l'un se divise selon l'autre. Or il n'existe pas de corps indivisible, parce qu'il **971a1** comporte profondeur et largeur ; donc la ligne ne sera pas non plus indivisible ; en effet, le corps est divisible selon la surface et la surface selon la ligne.

*Conclusion
de la deuxième partie*

Ainsi, puisque les arguments par lesquels ils tentent de nous convaincre sont faibles et erronés, et que leurs opinions s'opposent à tous les **971a5** raisonnements contraignants, il est clair qu'il ne saurait exister de lignes insécables.

Troisième partie

Réfutation de trois théories du point

A) La ligne ne peut pas être constituée de points. Reprise des arguments précédents

Il ressort de ces considérations que la ligne ne saurait non plus être constituée de points, car la plupart de ces arguments s'appliqueront aussi au point.

Le point doit être nécessairement divisé lorsque la droite composée d'un nombre impair de points est coupée en parties égales, ou lorsque celle qui en comporte un nombre pair est coupée en parties inégales.

Ensuite, la partie de la ligne, nécessairement, ne **971a10** sera pas une ligne, ni celle de la surface, une surface.

Enfin, une ligne pourra surpasser une autre ligne d'un point, puisque c'est grâce aux éléments qui la composent qu'elle pourra la surpasser.

Le point et l'instant

L'impossibilité de ce qu'on vient de voir résulte d'abord des démonstrations mathématiques. – Ensuite, il se produirait qu'un mobile mettrait un certain temps à parcourir un point, s'il est vrai qu'il parcourt une distance plus grande en **971a15** un temps plus long et une distance égale en un temps égal, et que l'excédent de temps est lui-même un temps. Mais on peut supposer que le temps est lui-même composé d'instants, et que la même argumentation s'applique au temps comme à la longueur. Si donc l'instant est début et fin du temps, comme le point l'est sur la ligne, et si le début et la fin ne sont pas en continuité, mais comportent un intervalle, **971a20** ni les instants, ni les points ne sauraient avoir de continuité entre eux.

Une somme de points ne produit pas de grandeur

En outre, la ligne est une certaine grandeur, tandis qu'une somme de points ne produit aucune grandeur, parce qu'elle n'occupe pas un espace plus grand. En effet, lorsqu'une ligne est appliquée à une autre ligne et la touche sur toute sa longueur, la largeur n'en devient nullement plus grande. Mais la ligne contient aussi des points, **971a25** donc les points ne sauraient occuper un espace plus grand, si bien qu'ils ne sauraient produire de grandeur.

Arguments fondés sur le contact entre les points.
1. Le mode de contact entre les points

En outre, s'il est vrai que toute espèce de contact est du genre du tout avec le tout, de la partie avec la partie ou du tout avec la partie, et que le point est dépourvu de parties, le contact entre deux points devra être du tout avec le tout. Mais le contact du tout avec le tout implique nécessairement l'unité ; en effet, si l'une des deux choses est quelque chose que l'autre n'est pas, il ne saurait y avoir **971a30** contact du tout avec le tout.

2. Premier type de relation entre des points : être ensemble

Si les grandeurs dépourvues de parties sont ensemble, elles occupent, à plusieurs, un espace identique à celui qu'occupait l'une d'elles auparavant. En effet, **971b1** si deux grandeurs dépourvues d'extension propre sont ensemble, elles occupent le même lieu. Or ce qui est dépourvu de parties n'a pas de dimension, de sorte qu'il ne saurait exister de grandeur continue composée d'indivisibles. Donc la ligne n'est pas composée de points, ni le temps d'instants.

**3. Deuxième type :
être en contact.
a) Deux droites
se toucheraient
en plusieurs points**

En outre, si la ligne est composée de
points, **971b5** un point sera en contact
avec un autre point. Si donc, de K,
sont menées les lignes AB et ΓΔ, le
point sur AK et le point sur KΔ seront
en contact avec le point K. Par consé-

quent, ils seront en contact mutuel. En effet, deux grandeurs
dépourvues de parties sont en contact mutuel comme le tout
avec le tout. Par conséquent, les points en question occuperont
le même lieu que K ; et, s'ils sont en contact avec K, l'un
occupera le même lieu que l'autre. Mais, si ces points sont dans
le **971b10** même lieu, ils se touchent, puisque les choses qui
ont comme contenant immédiat le même lieu sont nécessairement en contact. Dans ces conditions, une droite touchera une
autre droite en deux points ; en effet, le point sur AK touche
le point sur KΔ et l'autre point K, de sorte que la droite AK
touche la droite KΔ en plusieurs points. Le raisonnement sera
le même si les lignes en contact ne sont pas deux, mais en
nombre quelconque.

**b) La tangente toucherait
la circonférence
en plusieurs points**

En outre, **971b15** la circonférence
du cercle sera en contact avec la
tangente en plusieurs points. En
effet, le point sur le cercle et le

point sur la droite touchent le point de contact et sont en contact
mutuel. Si cela est impossible, le contact de deux points est lui
aussi impossible ; et si ce contact n'existe pas, la ligne ne peut
pas non plus **971b20** être constituée de points, car si elle est
constituée de points, ils doivent nécessairement être en contact.

**c) Suppression
de la distinction
rectiligne/circulaire**

En outre, comment pourrait-il jamais
exister une ligne ou une ligne circulaire ? En effet, le contact des points
sur la droite ne diffère en rien de celui

des points sur la circonférence. Car deux grandeurs dépourvues
de parties sont en contact mutuel comme le tout avec le tout,

et il n'y a pas d'autre contact possible. Si donc les deux lignes sont différentes, mais que le **971b25** mode de contact entre leurs points respectifs est identique, une ligne ne sera pas telle ou telle en vertu du contact entre les points ; par conséquent, la ligne ne sera pas non plus constituée de points.

4. Troisième type :
consécution

En outre, les points doivent être nécessairement en contact mutuel ou non. Premièrement, si une grandeur consécutive est nécessairement en contact avec ce qui la précède, on retrouvera la même argumentation. Ensuite, s'il est vrai qu'il puisse y avoir consécution sans contact, et que le continu **971b30** est pour nous ce qui est constitué d'éléments en contact, il faudra, dans le cas du rapport de consécution, ou bien que les points soient en contact mutuel, ou bien qu'il n'existe pas de ligne continue.

5. Quatrième type :
juxtaposition

972a1 En outre, s'il est vrai qu'il est absurde qu'un point soit juxtaposé à un autre point (ainsi d'ailleurs qu'une ligne soit juxtaposée à un point et une surface à une ligne), la théorie en question est impossible. En effet, si les points sont simplement consécutifs, la ligne pourra n'être coupée en aucun point, mais dans l'intervalle de deux points ; **972a5** si les points sont en contact, la ligne sera l'emplacement d'un point unique, ce qui est impossible.

Suppression
de la distinction
des éléments

En outre, toutes les choses se diviseraient et se résoudraient en points, et le point serait une partie du corps, si le corps était constitué de surfaces et la surface de lignes. S'il est vrai que les premiers constituants de toutes choses **972a10** sont des éléments, les points seront les éléments des corps. Par conséquent, les éléments auront tous le même nom et ne seront pas spécifiquement différents.

Ces considérations montrent donc à l'évidence que la ligne n'est pas composée de points.

Impossibilité de retrancher un point d'une ligne

Mais il n'est pas non plus possible de retrancher un point d'une ligne. En effet, si c'était possible, on pourrait aussi en ajouter un. **972a15** Mais, dans le cas d'une adjonction, la grandeur résultante sera plus grande que la grandeur primitive, à condition que la grandeur ajoutée soit telle qu'elle fasse un tout avec elle ; de sorte qu'une ligne surpassera une autre ligne, ce qui est impossible. – Mais, s'il n'est pas possible de retrancher un point pris tout seul, on peut néanmoins le retrancher d'une ligne par accident, **972a20** en tant qu'il fait partie de la ligne retranchée ; si, en effet, lorsqu'on retranche un tout, on retranche aussi le début et la fin (et nous savons que le début et la fin d'une ligne sont des points), et s'il est vrai qu'il est possible de retrancher une ligne d'une ligne, on pourra aussi le faire pour un point ; mais c'est là une soustraction par accident.

Le point comme extrémité...

Mais, s'il est vrai que l'extrémité est en contact avec ce dont elle est l'extrémité, soit en entier, **972a25** soit avec une de ses parties, et si l'on suppose que le point est en contact avec la ligne en tant qu'il en est l'extrémité, d'abord une ligne pourra surpasser une autre ligne d'un point, ensuite un point sera composé de points, car il n'y a rien entre deux choses qui se touchent.

... et comme section de la ligne

Même raisonnement pour la section d'une droite, s'il est vrai que la section est un point et si l'on suppose que la section est en contact avec quelque chose. Cela vaut aussi pour le solide et la surface ; c'est de la même façon **972a30** aussi que le solide est constitué de surfaces et la surface de lignes.

**B) Le point n'est pas
l'élément le plus petit
de la ligne.**

**a) Le point n'est pas
plus petit que la ligne**

D'autre part, il n'est pas vrai de dire du point qu'il est ce qu'il y a de plus petit dans la ligne. En effet, supposons que l'on dise qu'il est le plus petit des éléments que comporte la ligne, l'élément le plus petit est aussi plus petit que les objets d'entre lesquels il est le plus petit. **972b1** Or une ligne ne comporte que des points et des lignes, et la ligne n'est pas plus grande que le point (la surface, à son tour, n'est pas plus grande que la ligne). Par conséquent, le point ne sera pas l'élément le plus petit de la ligne.

**b) Impossibilité
d'employer le superlatif
« le plus petit »**

Mais, à supposer que le point soit comparable à la ligne, **972b5** et s'il est vrai que pour qualifier une chose de « la plus petite », il faut qu'il y ait trois termes en présence, ou bien le point ne sera pas le plus petit des éléments constitutifs de la ligne, ou bien la longueur comportera aussi autre chose que des points et des lignes ; donc la longueur ne sera pas seulement constituée de points. Mais, s'il est vrai que ce qui est dans le lieu est un point, une longueur, une longueur, une surface, un solide ou quelque chose fait de ces constituants, que les composants de la ligne **972b10** sont dans le lieu (puisque la ligne l'est aussi), et que la ligne ne comporte ni corps, ni surface, ni rien qui soit fait de ces constituants, la longueur ne comportera absolument rien en dehors des points et des lignes.

**c) La ligne n'est pas
plus grande que le point**

En outre, s'il est vrai que, à propos des êtres qui sont dans le lieu, l'expression « plus grand que » est attribuée à la longueur, à la surface ou au solide, que le point est dans le lieu, **972b15** et enfin que la longueur ne comporte aucun des êtres susdits à part les points et les lignes, alors le point ne sera pas le plus petit des constituants de la ligne.

**d) Le contenu
ne se compare
par au contenant**

En outre, s'il est vrai que le plus petit objet de ceux que renferme une maison est qualifié ainsi sans être pourtant comparé à la maison proprement dite, et qu'il en va de même dans les autres domaines, ce qui est « le plus petit » dans la ligne **972b20** ne sera pas non plus comparé à la ligne ; de sorte que l'expression « le plus petit » ne conviendra pas.

En outre, s'il est vrai qu'un objet qui n'est pas dans une maison n'est pas le plus petit de ceux que renferme la maison, qu'il en va de même dans les autres domaines, et que l'existence séparée est possible pour le point, il ne sera pas vrai de dire du point qu'il est le plus petit des êtres que comporte la ligne.

**C) Le point n'est pas
une articulation
indivisible**

972b25 En outre, le point n'est pas une articulation indivisible. En effet, l'articulation est toujours la limite de deux choses < (c'est pourquoi Empédocle a eu raison de dire dans son poème qu'elle « lie deux choses ») >, alors que le point est aussi la limite d'une seule ligne.

En outre, le point est un terme, alors que l'articulation est plutôt une division.

En outre, la ligne et la surface seront des articulations, par l'analogie qu'elles offrent avec le point.

En outre, l'articulation est d'une certaine façon liée au mouvement ; **972b30** tandis que le point et l'unité relèvent des êtres immobiles.

En outre, personne ne possède une infinité d'articulations dans le corps ou la main, mais possède une infinité de points.

En outre, il n'existe pas d'articulation d'une pierre, et celle-ci n'en possède aucune, alors qu'elle possède des points.

NOTES

[[Le recueil des *Fragmente der Vorsokratiker* de H. Diels est cité dans la sixième édition, c'est-à-dire l'édition complétée et corrigée par W. Kranz (1952), rééditée ensuite sans changements : DIELS-KRANZ 1952. Dans la citation des fragments, cette édition sera donnée sous forme abrégée : D.-K.]]

Notes sur les *Problèmes mécaniques*

847a12. Sur la nature et l'expression « par nature », voir *Physique*, II, 1, 192b ; est « par nature » le mouvement du feu vers le haut (192b35). Il en résulte que, ici et dans le reste du traité, l'expression de « contre-nature » n'est pas à prendre au sens vague de « ce qui est opposé aux lois de la nature », mais au sens précis de « ce qui est par contrainte (βίᾳ) », et tout spécialement le mouvement ; cf. *Physique*, V, 6, 230a29 : Εἰ δέ ἐστι τὸ βίᾳ παρὰ φύσιν « S'il est vrai que ce qui est par contrainte est contre-nature » ; et VIII, 4, 254b13, où « par contrainte » est égalé à « contre-nature ». – On en a une illustration un peu plus bas : la difficulté que nous avons à réaliser une action « contre-nature » nous fait recourir à l'art. On peut prendre comme exemple celui de soulever une charge : le mouvement que nous voulons exercer est effectivement « contre-nature » au sens où la direction du mouvement que nous voulons imprimer est contraire à la direction du mouvement naturel de la pierre ; c'est ce qu'on lit dans *Physique*, VIII, 4, 255a20 : Τὰ μὲν γὰρ παρὰ φύσιν αὐτῶν κινητικά ἐστιν, οἷον ὁ μοχλὸς οὐ φύσει τοῦ βάρους κινητικός « [Parmi les moteurs,] les uns sont des moteurs contre-nature ; par exemple le levier ne meut pas *par nature* le lourd ». – Sur la complémentarité de l'art et de la nature et l'identité fondamentale de leur action, dans le cas des processus orientés vers une fin, voir *Physique*, II, 8, 199a9-14 : Οὐκοῦν ὡς πράττεται, οὕτω πέφυκε, καὶ ὡς πέφυκε, οὕτω πράττεται ἕκαστον, ἂν μή τι ἐμποδίζῃ. Πράττεται δ' ἕνεκά του· καὶ πέφυκεν ἄρα ἕνεκά του. Οἷον εἰ οἰκία τῶν φύσει γινομένων ἦν, οὕτως ἂν ἐγίνετο ὡς νῦν ὑπὸ τῆς τέχνης· εἰ δὲ τὰ φύσει μὴ μόνον φύσει ἀλλὰ καὶ τέχνῃ γίγνοιτο, ὡσαύτως ἂν γίνοιτο ᾗ πέφυκεν « Dès lors, chaque chose se produit naturellement exactement comme elle se fait, et elle se fait exactement comme elle se produit naturellement, sauf empêchement. Or ce qui se fait l'est en vue de quelque chose ; et donc ce qui se produit naturellement l'est en vue de quelque chose. Par exemple, si une maison faisait partie des choses produites naturellement, elle se produirait exactement comme elle l'est en fait par l'art ; en revanche, si les choses naturelles ne se produisaient pas seulement par la nature, mais aussi par l'art, elles le seraient exactement comme elles le sont par nature ». – Sur ces questions, voir Schürmann 1997. – Sur le débat récent suscité par les thèses de Krafft 1970, voir mon *Introduction*.

847a18. Voir derechef le chapitre *Physique*, II, 1, qui contraste l'art et la nature.

847a19. Le mot μηχανή n'a pas ici le sens de « machine », mais un sens voisin d'« invention, art », qu'il a déjà chez le poète Pindare, *Pythiques*, VIII, 34 : ἐμᾷ ποτανὸν ἀμφὶ μαχανᾷ « [que ton récent exploit] prenne son vol grâce à mon *génie* » (traduction assez libre d'A. Puech dans Puech 1922). Puisque la μηχανή est définie comme une partie de l'art (τέχνη), la traduction par « art » est impossible. C'est faute d'avoir trouvé un vocable convenable que, avec d'autres traducteurs, je me suis résolu à employer le mot de « mécanique », qui n'est qu'un pis-aller.

847a20. Il s'agit non du sophiste Antiphon (Ve s.), célèbre pour sa tentative de quadrature du cercle, mais du poète tragique du IVe s., dont il reste quelques rares fragments. Il est mentionné aussi par Aristote en *Physique*, II, 1, 193a13. Incidemment, je ne pense pas que les parallèles relevés entre *Physique*, II, 1 et le début de notre traité soient fortuits ; à mon avis, l'auteur des *Problèmes mécaniques* s'est inspiré de ce chapitre de la *Physique* ; ce qui ne prouve pas que cet auteur soit Aristote lui-même. Sur cet Antiphon et cet extrait, voir CANFORA 2005.

847a22. Sur la ῥοπή « tendance à descendre, à tomber », voir l'*Introduction*.

847a27. L'auteur reproduit une thèse aristotélicienne. Cf. la différence entre les sciences mathématiques pures et appliquées dans les *Seconds Analytiques*, A, 13, 79a2-4 : Ἐνταῦθα γὰρ τὸ μὲν ὅτι τῶν αἰσθητικῶν εἰδέναι, τὸ δὲ διότι τῶν μαθηματικῶν· οὗτοι γὰρ ἔχουσι τῶν αἰτίων τὰς ἀποδείξεις, καὶ πολλάκις οὐκ ἴσασι τὸ ὅτι « Là, connaître le "que" relève des sciences de l'observation, tandis que connaître le "pourquoi" relève des mathématiques ; en effet, les mathématiciens donnent la démonstration des causes, et souvent ils ne connaissent pas le "que". » Voir aussi, au début de *Physique*, II, 2, 193b22-194a12, le développement sur la différence entre les mathématiques et la physique.

847b16. Le rôle fondamental joué par le cercle dans la théorie mécanique du traité n'est évidemment pas sans rapports avec la primauté du cercle sur toutes les autres figures, même si le caractère mis en avant est celui de la coexistence des contraires au sein du cercle, et pas sa perfection. Sous cet angle, le texte le plus proche est sans doute celui des *Lois*, X, 898a et suiv., où, dans un contexte dont il n'y a pas à parler ici, il est question de la perfection du mouvement de l'Univers, régulier (καθ᾽ ἕνα λόγον) et uniforme (κατὰ μίαν τάξιν), qui se fait autour d'un centre immobile et sur le modèle d'une sphère faite au tour ; voir aussi *Lois*, X, 893b-d, où il est question non seulement de la propriété du cercle de se mouvoir sur lui-même alors que son centre est immobile, mais encore de la vitesse relative des cercles concentriques (voir *infra*, n. à 848a17).

847b18. Cet « étonnement » est très clairement un écho de l'« étonnement » qui est le moteur de la recherche philosophique, selon *Métaphysique*, A, 2, 982b11 et suiv.

847b18. Sur les contraires, voir *Catégories*, 10-11, et *Métaphysique*, Δ, 10, 1018a25-38, et I, 4.

847b25. Voir *Du ciel*, I, 4, 270b34 et suiv., qui est probablement la source de l'assertion sur la contrariété du concave et du convexe :

τὸ γὰρ κοῖλον καὶ τὸ κυρτὸν οὐ μόνον ἀλλήλοις ἀντικεῖσθαι δοκεῖ ἀλλὰ καὶ τῷ εὐθεῖ, συνδυαζόμενα καὶ λαβόντα σύνθεσιν « le concave et le convexe n'apparaissent pas opposés seulement entre eux, mais encore au droit, si on les prend ensemble et qu'on les accole l'un à l'autre ». Sur le traitement de ces deux concepts dans la mathématique grecque, voir MUGLER 1959, s.v. κοῖλος et κυρτός. Cf. notamment Archimède, *De la sphère et du cylindre*, I, et d'abord *déf*. 2 : Ἐπὶ τὰ αὐτὰ δὴ κοίλην καλῶ τὴν τοιαύτην γραμμὴν ἐν ᾗ ἐὰν δύο σημείων λαμβανομένων ὁποιωνοῦν αἱ μεταξὺ τῶν σημείων εὐθεῖαι ἤτοι πᾶσαι ἐπὶ τὰ αὐτὰ πίπτουσιν τῆς γραμμῆς, ἢ τινὲς μὲν ἐπὶ τὰ αὐτά, τινὲς δὲ κατ᾽ αὐτῆς, ἐπὶ τὰ ἕτερα δὲ μηδεμία « J'appelle concave du même côté une ligne dans laquelle, si l'on prend deux points quelconques de cette ligne, les droites situées entre les points tombent ou bien toutes du même côté de la ligne, ou bien certaines du même côté de la ligne, certaines sur la ligne, mais aucune de l'autre côté de la ligne. » (cf. *ibid.*, *déf*. 4, pour la surface concave).

848a2. La séquence καὶ περιφερής « et circulaire » est étrange, car le mot περιφερής « circulaire, courbé, arrondi » est autant synonyme de concave que de convexe. Dans sa traduction, BOTTECCHIA DEHÒ 2000 résout élégamment la difficulté en écrivant « da concava diviene une curva convessa », à la suite de HETT 1936 (« becomes a convex curve »). Mais le problème reste intact. Pour ma part, je pense qu'il faudrait athétiser ces deux mots comme une glose maladroite.

848a5. Cf. le passage parallèle de *Physique*, VII, 2, 244a2 : Ἡ δὲ δίνησις σύγκειται ἐξ ἕλξεώς τε καὶ ὤσεως· ἀνάγκη γὰρ τὸ δινοῦν τὸ μὲν ἕλκειν τὸ δ᾽ ὠθεῖν· τὸ μὲν γὰρ ἀφ᾽ αὑτοῦ τὸ δὲ πρὸς αὑτὸ ἄγει « Le mouvement de rotation est composé de traction et de poussée ; en effet, il est nécessaire que ce qui fait rouler tire et pousse : d'une part il éloigne de lui, d'autre part, il attire à lui. »

848a8. L'expression « la ligne qui décrit le cercle » qui revient à diverses reprises (848b10, 848b36, 849a15, 849a27), désigne non pas la circonférence, mais le rayon. C'est une expression mathématique technique qu'on trouve aussi chez Aristote, *Du ciel*, I, 5, 272a13 : Εἰ δὴ γράψει κύκλον ἡ τὸ ΑΓΕ ἀπὸ τοῦ Γ κέντρου « Si la droite ΑΓΕ décrit un cercle à partir du centre Γ ». L'expression devenue classique dans les traités de mathématiques est ἡ ἐκ τοῦ κέντρου « la droite < menée > depuis le centre ». – Dans le Livre I des *Coniques* du mathématicien

Apollonius de Perge, on trouve plusieurs occurrences de l'expression parallèle ἡ γράφουσα τὴν ἐπιφάνειαν « la droite qui décrit la surface », c'est-à-dire la droite qui engendre la nappe conique.

848a13. Comme l'indique CAPPELLE 1812, p. 168, le mot ζυγόν a sans doute ici son sens primitif de « fléau » de la balance, et pas le sens dérivé de « balance ».

848a17. On a ici une première forme du principe des cercles iné-gaux concentriques. Ce même principe sera expressément développé à la fin du problème 7 et dans le problème 8. F. Krafft en a fait le point de départ de ses recherches dans KRAFFT 1970. La même pro-priété, sous une forme cinématique et non mécanique (il n'est pas fait mention, dans les extraits qui suivent, d'une force identique qui meut les deux cercles), est mentionnée dans deux passages parallèles d'Aristote : d'abord dans *Physique*, VI, 10, 240b15, à propos de la sphère tournant sur place : οὐ γὰρ ταὐτὸν τάχος ἔσται τῶν τε πρὸς τῷ κέντρῳ καὶ τῶν ἐκτὸς καὶ τῆς ὅλης, ὡς οὐ μιᾶς οὔσης κινήσεως « on n'aura pas la même vitesse pour les parties proches du centre que pour celles qui sont extérieures (= qui avoisinent la surface de la sphère) et que pour la sphère entière (= le mouvement de la surface), comme si le mouvement n'était pas unique » ; ensuite, dans *Du ciel*, II, 8, 289b34 : Τό τε γὰρ θᾶττον εἶναι τοῦ μείζονος κύκλου τὸ τάχος εὔλογον περὶ τὸ αὐτὸ κέντρον ἐνδεδεμένων « Il est rationnel que la vitesse d'un cercle plus grand soit supérieure dans le cas de cercles disposés concentrique-ment ». Mais le principe est déjà énoncé dans Platon, *Lois*, X, 893d : les circonférences de deux cercles concentriques et de même vitesse angulaire ont des vitesses proportionnelles à leur taille. – La littéra-ture proprement mécanique des Grecs mentionne encore trois fois ce même principe (pour Vitruve, X, 3, voir FLEURY 1993, lemme *cercle* dans l'index). D'abord chez Philon de Byzance, *Manuel d'artillerie* (MARSDEN 1971, p. 122,11-12) : Ἐπεὶ γὰρ οἱ μείζονες κύκλοι κρατοῦσι τῶν ἐλασσόνων τῶν περὶ <τὸ> αὐτὸ κέντρον κειμένων, καθάπερ ἐν τοῖς μοχλικοῖς ἀπεδείξαμεν, κτλ. « Puisque les grands cercles l'em-portent sur les petits qui sont fixés autour du même centre, comme nous l'avons démontré dans les *Problèmes relatifs au levier*, etc. » Puis chez Héron d'Alexandrie, *Traité de la dioptre* (SCHÖNE 1903, p. 312,20-22) : Ἀπεδείχθη γὰρ ὅτι οἱ μείζονες κύκλοι τῶν ἐλασσόνων κατακρατοῦσιν, ὅταν περὶ τὸ αὐτὸ κέντρον κυλίωνται « Il a été démontré que les grands cercles l'emportent sur les petits, lorsqu'ils se meuvent circulairement autour du même centre. » Pour la discussion de ces deux témoignages, on pourra consulter Micheli (MICHELI 1995, p. 86-94), qui pense que ni Philon, ni Héron ne connaissaient les *Problèmes mécaniques*. Enfin, dans le Livre VIII de la *Collection* de Pappus (HULTSCH 1878, p. 1068,20) : Ἀπεδείχθη γὰρ ἐν τῷ περὶ ζυγῶν Ἀρχιμήδους καὶ τοῖς Φίλωνος καὶ Ἥρωνος μηχανικοῖς ὅτι οἱ μείζονες κύκλοι κατακρατοῦσι τῶν ἐλασσόνων κύκλων, ὅταν περὶ τὸ αὐτὸ κέντρον ἡ κύλισις αὐτῶν γίνηται « Il a été démontré dans le *Traité des balances* d'Archimède et dans les *Traités de mécanique* de Philon et d'Héron que les grands cercles l'emportent sur les petits cercles, lorsque leur mouvement de rotation se fait autour du même centre. »

848a25. Contrairement à ce qu'on a pu parfois penser, ces rouelles ne sont probablement pas munies de dents, mais agissent l'une sur l'autre par friction (voir DRACHMANN 1963a, p. 13). Il faut compléter notre information par le traité des *Pneumatiques* d'Héron d'Alexandrie, L. I, 32 (SCHMIDT 1899, p. 148-151) et L. II, 32 (*ibid.* 298-302) ; traduction française dans ARGOUT-GUILLAUMIN 1997, p. 100 et suiv. et 172 et suiv. Héron y décrit ce genre de roues (ἁγνιστήριον), placées à l'entrée des sanctuaires égyptiens et que l'on tourne à des fins de purification quand on entre. La suite de notre texte semble montrer que le mécanisme décrit ici était caché, et que seules quelques roues en mouvement étaient visibles. – Pour les roues dentées, on pourra consulter la commode synthèse de DRACHMANN 1963a, p. 200-203. – Sur les automates dans l'Antiquité, voir BERRYMAN 2003, (particulièrement les pages 361 et suiv.). – Aristote évoque les automates dans *Mouvement des animaux*, 7, 701b1, *Génération des animaux*, II, 1, 734b10, et 5, 741b9. Voir TYBJERG 2003.

848a29. Je me demande si la phrase κινουμένης τῆς διαμέτρου περὶ τὸ αὐτό, que, comme HETT 1936, j'ai comprise comme une conditionnelle, n'est pas une glose. J'en vois un indice stylistique dans le fait que ce diamètre est cité juste avant, à la ligne a27.

848b3. Sur l'assertion qui attribue une plus grande précision aux balances plus grandes, voir MICHELI 1995, p. 75-77. En réalité, les balances qui ont des bras plus longs ne sont pas plus précises, mais plus sensibles. Même erreur plus loin en 849b27 et suiv.

848b8. Cf. le parallèle dans *Physique*, VI, 2, 232a25-26 : ἀνάγκη τὸ θᾶττον ἐν τῷ ἴσῳ χρόνῳ μεῖζον καὶ ἐν τῷ ἐλάττονι ἴσον « il est nécessaire que le plus rapide se meuve sur une distance plus grande dans un temps égal et sur une distance égale dans un temps moindre ». Pour l'auteur des *Problèmes mécaniques*, pas plus que pour Aristote, la vitesse n'est une grandeur séparée, ce qui interdit la constitution d'une cinématique au sens moderne.

848b9. Il y a ici une confusion entre le mouvement angulaire du rayon et le mouvement d'un point (ou d'un corps) qui décrit une circonférence de cercle. Le mouvement angulaire en tant que tel n'est jamais thématisé dans notre traité. Cf. HEATH 1949, p. 230.

848b13. On a une version sommaire du parallélogramme des « transports/translations » (φορά, le même mot que dans notre traité) dans le passage parallèle des *Météorologiques*, I, 4, 342a24-27, qui décrit le mouvement de certains corps ignés dans l'atmosphère sublunaire : Τὰ πλεῖστα δ' εἰς τὸ πλάγιον διὰ τὸ δύο φέρεσθαι φοράς, βίᾳ μὲν κάτω, φύσει δ' ἄνω· πάντα γὰρ κατὰ τὴν διάμετρον φέρεται τὰ τοιαῦτα. Διὸ καὶ τῶν διαθεόντων ἀστέρων ἡ πλείστη λοξὴ γίγνεται φορά « Le plus souvent, le mouvement est oblique, parce que ces corps sont transportés de deux transports, contraint vers le bas et naturel vers le haut ; en effet, tous les corps dans cette situation sont transportés en diagonale. C'est pourquoi les étoiles filantes sont mues la plupart du temps d'un transport oblique. » Il faut citer encore une scolie au L. I des *Éléments* d'Euclide (HEIBERG-STAMATIS 1977, p. 47,9-12), où, dans un contexte totalement différent, l'auteur emploie le mot κίνησις « vitesse » et non pas φορά « transport » : Καὶ γὰρ εἰ τετράγωνον νοήσειας καὶ δύο κινήσεις ἰσοταχεῖς, τὴν μὴν κατὰ τὸ μῆκος, τὴν δὲ κατὰ τὸ πλάτος, ὑποστήσεται ἡ διαγώνιος εὐθεῖα οὖσα, κτλ. « Si l'on imagine un carré et deux mouvements également rapides, l'un sur la longueur, l'autre sur la largeur, cela donnera la diagonale, qui est une droite, etc. »

848b21. C'est la converse d'Euclide, *Éléments*, VI, prop. 24 : Παντὸς παραλληλογράμμου τὰ περὶ τὴν διάμετρον παραλληλόγραμμα ὅμοιά ἐστι τῷ τε ὅλῳ καὶ ἀλλήλοις « Dans tout parallélogramme, les parallélogrammes qui entourent la diagonale sont semblables au parallélogramme entier et entre eux. »

848b28. Sur la longue démonstration qui commence à cet endroit, on consultera HEATH 1949, p. 233-234.

848b34. Avec tous les traducteurs modernes, j'ai traduit l'adjectif περιφερής par « curviligne », car c'est le *curviligne* qui est opposé au *rectiligne*. Mais certains interprètes de la Renaissance ont préféré « circulaire » (BOTTECCHIA DEHÒ 2000, p. 148).

849a1. Le passage que j'ai mis entre *cruces* (car je ne suis pas sûr de mon interprétation) a été plusieurs fois commenté de la Renaissance à nos jours (voir la note de BOTTECCHIA DEHÒ 2000, p. 148-149 ; mais il est impossible que le mot κάθετος « perpendiculaire » puisse désigner une tangente), sans qu'un accord ait été trouvé. En m'aidant de la suite du texte et de la figure, je propose d'insérer <ἐπὶ τὴν> entre αὐτὴν et ἀπὸ τοῦ κέντρου, car le rayon se dit ἡ ἀπὸ (ou ἐκ) τοῦ κέντρου, c'est-à-dire est toujours précédé de l'article. Le mouvement en ligne droite dont il est question est le mouvement selon la diagonale ΒΓ. La perpendiculaire est le segment de droite ΔΓ, d'abord perpendiculaire en Δ à la tangente ΒΔ, puis, derechef (πάλιν), perpendiculaire en Γ au rayon ΟΓ. Si le point Β était mû de ces deux mouvements égaux (ΒΔ = ΔΓ), il se déplacerait sur la diagonale ΒΓ ; or on constate qu'il se déplace sur *l'arc* ΒΓ ; il est certes mû de deux mouvements, mais ces deux mouvements ne conservent pas un rapport constant. – Mais, même si cette reconstitution de l'argument est exacte, je vois mal sa fonction dans le développement où il est pris : en quoi les considérations sur la trajectoire rectiligne ΒΓ du point Β expliquent-elles que le rayon soit mû de deux mouvements simultanés ? Peut-être manquent-ils quelques mots.

849a6. On est loin ici, de la conception développée par Aristote dans *Du ciel* (chapitre I, 2), qui fait du mouvement circulaire un mouvement simple.
[[Voir le commentaire de M. Federspiel à *Du ciel*, 268b20, dans le premier volume de cette série aristotélicienne.]].

849a8. Le verbe ἐκκρούειν « dévier » est imagé (il revient en 851a10) et n'est pas facile à traduire ; la déviation subie par le mobile est causée par un mouvement contre-nature, qui sera précisé ensuite comme le mouvement vers le centre. Aristote l'emploie dans un autre contexte, *De la génération des animaux*, V, 1, 780a8 : ἐκκρούει γὰρ ἡ ἰσχυροτέρα κίνησις τὴν ἀσθενεστέραν « le mouvement fort refoule le mouvement faible », et le reprend plus loin (780a12) par κωλύειν « arrêter, empêcher ».

849a14. On voit les embarras où se jette l'auteur faute de la notion de vitesse angulaire.

849a15. C'est l'extrémité mobile du rayon qui est transportée de deux mouvements, pas le rayon lui-même. Ce genre de confusion reviendra plus loin (849a31, 849b1), ce qui fait qu'il est inutile, dans ces derniers passages, de remplacer chaque fois les groupes de deux lettres marquant le rayon par une lettre marquant son extrémité. On voit aussi que cette extrémité peut être parfois identifiée avec un mobile décrivant la circonférence du cercle.

849a17. L'expression εἰς τὸ πλάγιον « obliquement », qualifie l'un des mouvements de l'extrémité du rayon, celui qui se produit selon la tangente au cercle en chacun de ses points. Ce mouvement est dit *conforme à la nature* ; le mouvement vers le centre est dit *contre-nature*. Sur ces deux expressions, voir la note à 847a12 ; le premier mouvement est dit *naturel*, parce que c'est celui qu'aurait le mobile si son mouvement n'était pas contrarié par la force qui l'entraîne vers le centre.

849a21. Sur les interprétations données à la Renaissance du long passage mathématique qui suit, on pourra consulter MICHELI 1995, p. 68-73.

849a32. La projection d'une perpendiculaire sur une droite fait l'objet du problème *Éléments*, I, 12 : Ἐπὶ τὴν δοθεῖσαν εὐθεῖαν ἄπειρον ἀπὸ τοῦ δοθέντος σημείου, ὃ μή ἐστιν ἐπ᾽αὐτῆς, κάθετον εὐθεῖαν γραμμὴν ἀγαγεῖν « Mener une ligne droite perpendiculaire à une droite donnée infinie d'un point donné non situé sur elle. »

849a33. Pour la construction d'une parallèle, voir le problème *Éléments*, I, 31 : Διὰ τοῦ δοθέντος σημείου τῇ δοθείσῃ εὐθείᾳ παράλληλον εὐθεῖαν γραμμὴν ἀγαγεῖν « Par un point donné, mener une ligne droite parallèle à une droite donnée. »

849b4. L'auteur appelle ici « transports selon la nature » les segments égaux ΩY et ΘZ, et « transports contre-nature » les segments inégaux BY et XZ (avec BY<XZ). – On voit que la phrase ἡ μὲν γὰρ κατὰ φύσιν φορὰ ἴση, ἡ δὲ παρὰ φύσιν ἐλάττων· ἡ δὲ BY τῆς ZX ἐλάττων « en effet, le transport selon la nature est égal, tandis que le transport contre-nature est plus court ; or la droite BY est plus petite que la droite XZ » est dépourvue de sens. Bottecchia Dehò 2000 (p. 154) suppose que l'auteur parle ici de l'égalité des vitesses angulaires ; mais cela ne sauve pas le texte transmis, d'abord parce que le concept de vitesse angulaire est totalement absent de notre traité, ensuite, parce que, à la ligne suivante, les mouvements naturels (représentés par les segments KH et ZΘ) sont dits inégaux et qu'un changement de signification de l'expression « mouvement naturel » est impensable dans l'espace d'une ligne de texte. À mon avis, il ne servirait à rien d'essayer d'amender le texte, puisqu'il faudrait le changer de fond en comble ; je propose donc d'athétiser la phrase tout entière comme une interpolation maladroite.

849b6. Autrement dit, avec le symbolisme moderne, si les mouvements naturels sont représentés respectivement par KH et ZΘ, et les mouvements contre-nature par BK et XZ, on doit avoir KH/ZΘ = BK/XZ. En 849b15, cette proportion est transformée en la proportion ΘZ/ZX = HK/KB, mais pas par un calcul sur la proportion.

849b10. Le texte porte ἐν τῇ μείζονι. Si l'on garde le texte transmis, il faut comprendre, comme je l'ai fait, « dans le cas du grand rayon » ; mais la plupart des traducteurs modernes traduisent tacitement par « dans le grand cercle », comme s'il y avait ἐν τῷ μείζονι. Ils supposent peut-être tacitement ἐν τῇ μείζονι <περιφερείᾳ>, puisque, dans le traité, περιφέρεια s'emploie aussi bien au sens de « circonférence » qu'à celui d'« arc ».

849b16. Cf. Euclide, *Éléments*, VI, prop. 4, dont voici le début de l'énoncé : Τῶν ἰσογωνίων τριγώνων ἀνάλογόν εἰσιν αἱ πλευραὶ αἱ περὶ τὰς ἴσας γωνίας « Dans les triangles équiangles, les côtés comprenant les angles égaux sont en proportion, etc. »

849b21. Dans le paragraphe qui suit, l'auteur emploie trois mots différents que j'ai tous traduits par « balance », car ils peuvent avoir ce sens plus large : ζυγόν, qui désigne primitivement le « fléau » de la balance, πλάστιγξ, qui désigne d'abord le « plateau », et φάλαγξ, le « bras ».

849b23. Il est doublement abusif de dire que « le support représente le centre », d'abord parce que ce support est une corde à laquelle la balance est suspendue, ensuite parce que le centre du cercle imaginé est le milieu du fléau.

850a10. La démonstration qu'on va lire est viciée par le fait que le traitement de la question doit faire appel à la notion de centre de gravité, inconnue d'Aristote et de notre auteur. Voir CAPPELLE 1812, p. 178-181.

850a11. L'adjectif ὀρθός veut dire littéralement « droit, rectiligne ». Il est probable que la notion qui est impliquée ici est celle d'horizontalité, c'est-à-dire la position primitive du fléau, avant la pesée ; mais il serait imprudent de traduire tout uniment par « horizontal », car ce sens d'ὀρθός n'est pas attesté en grec.

850a17. Pour des raisons de syntaxe, je suggère de lire τῷ ἐν ᾧ ΘΠ au lieu de τοῦ ἐν ᾧ ΘΠ. Mais, même avec cette correction, le syntagme est très maladroit ; la logique et la comparaison avec 850a26 montrent qu'il est question ici de l'aire ΘΠΔ et pas de la simple longueur ΘΠ. De même, plus bas (850a29), je propose de lire τῷ ἐν ᾧ τὸ Κ (ou même ΚΛΘ) au lieu de τοῦ ἐν ᾧ τὸ Κ.

850a27. Le cas de figure dont il vient d'être question est en fait une expérience de pesée, car le bras Ν doit descendre le plus bas possible, jusqu'à ce que le centre de gravité de la partie ΟΚΛ se trouve à la verticale du point Λ (voir HEATH 1949, p. 235). Mais, encore une fois, la notion de centre de gravité est inconnue de l'auteur du traité.

850a37. Entendre de nouveau : l'extrémité mobile du rayon.

850b4. Nouvelle réduction de la loi du levier au mouvement des rayons des cercles concentriques.

850b9. Les lignes qui comportent des lettres désignatrices à la fin du problème 2 sont d'un style particulièrement négligé.

850b13. La description du Pseudo-Aristote est erronée, car la rame est un levier du second genre. Voir HEATH 1949, p. 237. Même erreur chez Vitruve, X, 3, 6 (voir FLEURY 1993, p. 82-83).

850b16. Le mot « rayon » vient tout naturellement sous la plume de l'auteur, puisque, conformément aux principes du début, il réduit les propriétés du levier qu'est la rame à celles du cercle.

850b20. La position des rameurs là où le navire a la plus grande largeur est étudiée dans TORR 1894, p. 47-48.

850b28. Ce problème 4 est mentionné brièvement dans le *Traité de mécanique* d'Héron, II, 34, question *p* (NIX-SCHMIDT 1900, p. 186). Il se retrouve brièvement traité aussi par Vitruve, X, 3, 5 ; voir FLEURY 1993, p. 71-80. L'auteur grec Lucien s'étonne du phénomène dans son dialogue intitulé *Le navire*, 6. Avant lui, dans le *Nouveau Testament*, l'*Épître de Jacques* en fait mention dans une comparaison fameuse (3,4) : Ἰδοὺ καὶ τὰ πλοῖα τηλικαῦτα ὄντα καὶ ὑπὸ ἀνέμων σκληρῶν ἐλαυνόμενα, μετάγεται ὑπὸ ἐλαχίστου πηδαλίου ὅπου ἡ ὁρμὴ τοῦ εὐθύνοντος βούλεται « Voyez encore les bateaux : quelle que soit leur dimension et la violence des vents qui les poussent, ils sont conduits sous l'effet d'un tout petit gouvernail là où le désire le pilote. » Il s'agit manifestement d'un *topos* hellénistique.

850b28. Sur les différents types de gouvernail dans l'Antiquité classique, on pourra consulter les ouvrages FLEURY 1993, ROUGÉ 1975 (p. 68-71), et TORR 1984 (p. 75-77).

850b35. Il est probable que l'auteur entend par là que la poussée de la rame s'exerce sur toute la largeur de la pelle, perpendiculairement à celle-ci.

850b39. Il est impossible d'entendre le mot ὑπομόχλιον au sens habituel de « pivot, point d'appui » ; il s'agit du levier ; peut-être faut-il lire μοχλός, qui désigne classiquement le levier. D'autre part, il est bizarre que la mer tourne « vers l'intérieur » et que le levier tourne « vers l'extérieur ». M.E. Bottecchia Dehò a peut-être raison de traduire par « d'un côté » et « de l'autre » (BOTTECCHIA DEHÒ 2000, *ad loc.*). Mais la difficulté reste entière.

851a9. Les lignes qui précèdent (851a7-9) sont passablement mystérieuses. On a probablement ici l'expression d'une certaine loi, étrange pour nous, du mouvement des corps transportés continus. Il semble que, selon l'auteur, dans le cas d'un objet long mis en mouvement, la partie postérieure accuse un retard sur la partie antérieure, retard qui se conserve tout le long de la course. Cette loi est peut-être née de considérations théoriques et d'une observation : d'abord, elle permet de récuser l'idée d'une transmission instantanée de l'action du moteur tout au long d'un corps allongé ; quant à l'observation, il se pourrait qu'elle ait été faite, comme le suggère FORSTER 1913 dans la note *ad loc.*, à propos d'un cheval attelé à une voiture, où l'on voit que la voiture est à la traîne (précisément parce que la continuité cheval/ voiture n'est pas parfaite).

851a11. Cf. *Mouvement des animaux*, 7, 701b25 et suiv. : Ὅτι δὲ μικρὰ μεταβολὴ γινομένη ἐν ἀρχῇ μεγάλας καὶ πολλὰς ποιεῖ διαφορὰς ἄποθεν, οὐκ ἄδηλον· οἷον τοῦ οἴακος ἀκαριαῖόν τι μεθισταμένου πολλὴ ἡ τῆς πρώρας γίνεται μετάστασις « Il est incontestable qu'un petit changement survenu dans un principe produit loin de lui nombre de différences considérables ; ainsi, lorsque la barre du gouvernail est déplacée d'un mouvement infime, il se produit un changement considérable dans la direction de la proue. »

851a16. L'auteur veut dire que la vitesse du navire est supérieure à celle de la rame quand elle est dans l'eau, parce que le navire se déplace en bonne partie dans l'air. En fait, le gouvernail, comme la rame, est un levier du deuxième genre, d'où la description erronée donnée par l'auteur. Même erreur chez Vitruve, X, 3, 5 (cf. *supra*, n. à 850b28).

851a24. Il s'agit des triangles ZΘB et AΘΔ ; par conséquent, il faut considérer les cordes qui sous-tendent les arcs BZ et AΔ. Il y a deux références implicites et successives aux *Éléments* d'Euclide, d'abord VI, prop. 4 (voir note à 849b16) ; ensuite V, prop. 14 : Ἐὰν πρῶτον πρὸς δεύτερον τὸν αὐτὸν ἔχῃ λόγον καὶ τρίτον πρὸς τέταρτον, τὸ δὲ πρῶτον τοῦ τρίτου μεῖζον ᾖ, καὶ τὸ δεύτερον τοῦ τετάρτου μεῖζον ἔσται, κἂν ἴσον, ἴσον, κἂν ἔλαττον, ἔλαττον « Si une première grandeur a le même rapport avec une deuxième grandeur qu'une troisième avec une quatrième, et que la première est supérieure, égale ou inférieure à la troisième, la deuxième sera aussi supérieure, égale ou inférieure à la quatrième. »

851a37. Il me semble qu'il est question ici d'un demi-tour sur place, qui fait que la proue se retrouve où était la poupe. Mais je n'en suis pas sûr et ai des doutes sur l'authenticité de cette notation.

851b4. Il s'agit du plus ou moins grand éloignement du pivot par rapport au moteur.

851b5. En réalité, le principe du levier n'a rien à faire ici. L'erreur de l'auteur a été remarquée dès la Renaissance. Voyez par exemple Torr 1894, p. 91. À la surface de l'eau, le vent est plus faible qu'en hauteur. On trouve la même explication erronée chez Vitruve, X, 3, 5-6, qui s'inspire étroitement de ce passage de notre traité ; voir Fleury 1993, p. 80-82.

851b9. La manœuvre est décrite et commentée par Torr 1894, p. 95-96, et par Casson 1971, p. 273-277.

851b16. En *Du ciel*, II, 8, 290a9, Aristote ne distingue que deux mouvements du cercle, le roulement et le toupillage. Ici, pour les besoins de sa cause, l'auteur divise le toupillage en deux types, selon que le cercle est perpendiculaire (poulie) ou parallèle (roue du potier) au sol. [[Voir le commentaire de M. Federspiel à *Du ciel*, 290a10, dans le premier volume de cette série aristotélicienne.]].

851b17. Le mot ἁψίς « abside » fait partie du plus ancien vocabulaire grec, puisqu'on le trouve déjà chez Homère. Il n'est pas répertorié dans Mugler 1959. Il est employé ici dans un sens dérivé du sens non technique que l'on trouve dans les textes littéraires (« jante, roue ») et doit être traduit par « circonférence ». Il est rare et tardif dans les textes mathématiques, où il a pris un sens technique, celui d'une figure inférieure ou égale à un demi-cercle. Héron le définit brièvement comme la figure d'un segment de cercle plus petit qu'un demi-cercle : *Definitiones*, *déf.* 30 (Heiberg 1912, p. 34) ; dans le *corpus* mathématique de cet auteur, le mot revient encore une fois au début du chapitre 133 (inauthentique) des *Definitiones* (*ibid.*, p. 92,12), cinq fois dans les *Geometrica* et une fois dans les *Stereometrica*, chaque fois avec le sens de demi-cercle. Chez Proclus (FRIEDLEIN 1873, p. 163,5), le mot a le sens de figure plus petite qu'un demi-cercle. Dans la littérature gréco-latine, le mot se rencontre surtout en astronomie et en architecture, où il n'est pas rare.

851b23. On a affaire à l'angle de contingence, ou angle corniculaire, dont traite Euclide dans les *Éléments*, III, prop. 16. Il s'agit d'un angle mixte, dont l'un des côtés est une droite tangente au cercle (par exemple le sol dans le cas d'une roue) et l'autre est la circonférence elle-même. Euclide démontre une propriété curieuse de cet angle, qui est d'être plus petit que n'importe quel angle formé de côtés rectilignes. Ce qui ne l'empêche pas de s'évaser rapidement ou, comme le dit maladroitement notre auteur, d'être « écarté » du sol.

851b34 et suiv. Il semble que la figure qui correspond le mieux au texte est celle de deux cercles de taille différente, dans lesquels sont inscrits des triangles rectangles semblables (mais voir la note suivante). Les diamètres sont respectivement *AC* et *A'C'*. Les angles dont il est question sont *ACB* et *A'C'B'*. Les ῥοπαί, c'est-à-dire les « inclinaisons à tomber » de ces cercles, sont figurées par les petites cathètes *AB* et *A'B'*.

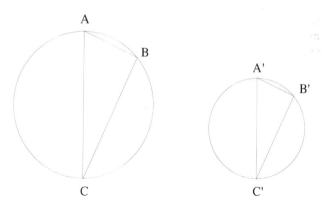

On voit que le rapport des inclinaisons, c'est-à-dire *AB/A'B'*, est égal au rapport des diamètres, c'est-à-dire *AC/A'C'* (851b40).

851b35. Sur cette approche de la notion de force d'inertie, voir l'*Introduction*. J'ai du mal à comprendre par quel chemin KRAFFT 1970, p. 61, en arrive à proposer l'explication « en raison de l'absence de résistance du milieu », que l'expression grecque ne peut autoriser.

851b36 et suiv. Ce passage du problème 7 et tout le problème 8 exposent une nouvelle fois (après 848a17 et suiv., où la démonstration est différente) le principe des cercles inégaux concentriques (mais il n'est pas dit expressément ici que les cercles sont concentriques).

851b40. L'expression « angle du cercle » a suscité diverses interprétations depuis la Renaissance. On pourra consulter un historique de la question dans l'édition de CAPPELLE 1812, 225-227, la notice de HEATH 1949, p. 239-240, celle de KRAFFT 1970, p. 93-96, et surtout l'édition de BOTTECCHIA DEHÒ 2000, p. 175-180. Par analogie avec l'expression « angle du demi-cercle » qu'on trouve dans la démonstration de la proposition Euclide, *Éléments*, III, prop. 16, HEATH 1949 suppose qu'il s'agit de l'angle mixte formé par un diamètre, à son extrémité, avec la circonférence en ce point. HEIBERG 1904, p. 30, l'interprète comme un angle au centre. Dans les deux cas, il faut supposer que le mot angle désigne par métonymie l'arc sous-tendu par l'angle ; car seuls les arcs sont dans le rapport des diamètres. Cette métonymie, que KRAFFT 1970, p. 95, s'efforce de justifier, semble confirmée par le passage 855a36 et suiv. : « En effet, on le voit, l'arc décrit par chaque cercle au moyen de son diamètre propre paraît être un angle qui est plus grand dans le cas du grand cercle, et plus petit dans le cas du petit. » – On trouve la même assimilation dans *Du ciel*, III, 8, 306b33 et 307a16, où Aristote rapporte que Démocrite tenait la sphère pour une sorte d'angle, ce qui me paraît confirmer l'interprétation de Heath.

852a5. C'est-à-dire si le cercle tourne en l'air comme la roue du potier ou est soutenu par le moyeu comme une poulie ; ces deux cercles entraînent des objets : le pot du potier ou la corde de la poulie. Il a déjà été question de ces deux mouvements au début du problème 7 ; dans le cas de la roue du potier, il est impossible de traduire ῥοπή par « inclinaison à tomber » ; c'est pourquoi j'ai employé à cet endroit l'expression « tendance à se mouvoir ».

852a8. Ce renvoi à la composition des deux mouvements qui engendrent un mouvement circulaire (848b28) n'a évidemment pas de sens ici.

852a13. Le mouvement oblique est la composante du mouvement d'un point de la circonférence, représentée par la tangente en ce point ; cf. *supra*, n. à 849a17. Le mouvement « le long du diamètre » est donc le mouvement dirigé vers le centre, qui est contre-nature pour un point de la circonférence (849a17), mais sans doute pas pour le cercle.

852a19. Le fait d'attacher des poids à des poulies ou à des rouleaux ne change pas la propriété énoncée au début du problème.

852a28. Par « direction oblique » dans le cas d'une roue, il faut entendre celle qui est donnée par la tangente à un point de la circonférence ; cf. *supra*, n. à 848a17 et à 852a13. Ici, on doit supposer en outre que cette tangente est parallèle au plan de roulement ; c'est dans cette situation que la roue n'a pas d'inclinaison. – Sur l'erreur de l'auteur, voir HEATH 1949, p. 240.

852b5. Ce principe est thématisé dans le problème 30, qui lui est tout entier consacré.

852b10. Le mot βολή « action de lancer, jet », paraît peu heureux à cet endroit ; il a peut-être été introduit par un copiste qui comprenait mal l'expression ἡ ἀπὸ τῆς χειρός. Si l'on voulait l'athétiser, on obtiendrait le sens plus satisfaisant que voici : « Or le rayon qui part de la main est plus court que celui qui est figuré par la fronde. »

852b11. Certains, comme DRACHMANN 1963a, p. 14 ou KRAFFT 1970, p. 42, ont pensé que le mot ζυγόν, littéralement « joug », que j'ai traduit, à la suite de BOTTECCHIA DEHÒ 2000, par « cabestan », désignait ici le « joug » de la lyre, c'est-à-dire la barre supérieure horizontale qui relie les deux branches de l'instrument et à laquelle sont fixées les cordes.

852b15. Ces μεγέθη « longueurs » sont les manivelles fichées dans le cylindre de bois de l'appareil.

852b22. Le problème 13 est repris dans le *Traité de mécanique* d'Héron, II, 34, question *g* (Nix-Schmidt 1900, p. 178).

852b22. Il est tentant, avec Forster 1913, de corriger ξύλον, qui fait une construction maladroite, en ξύλου.

852b28. Sur l'explication erronée du deuxième cas de figure, voir Heath 1949, p. 241.

852b30. Le problème 14 est repris par Héron, II, 34, question *m* (Nix-Schmidt 1900, p. 182).

852b30. Ce qui importe ici, ce n'est pas tant la grande taille des pierres ou des coquillages que le fait qu'ils soient irréguliers et forment des angles vifs. Les sommets de ces angles sont plus éloignés du centre des galets et s'usent donc en premier.

853a5. Le problème 15 est repris par Héron, II, 34, question *h* (Nix-Schmidt 1900, p. 178-180). – Ce problème est d'interprétation difficile ; par exemple, combien y a-t-il de types de levage considérés ? On pourra consulter Heath 1949, p. 241.

853a16. En écrivant « il faut que sa courbure *s'accuse* », j'ai supposé que l'adverbe μᾶλλον « davantage » portait à la fois sur κάμπτεσθαι et sur αἰρόμενον (ou qu'un second μᾶλλον avait disparu). C'est aussi la solution de Hett 1936.

853a25. La plupart des mss. portent ὄντι τῷ μοχλῷ ; c'est le texte retenu par Bottecchia Dehò 2000, qui pourtant ne traduit pas par « levier », mais par « coin ». Je traduis comme elle, mais en supprimant τῷ μοχλῷ, qu'on ne trouve pas dans P, comme le font aussi Presas i Puig-Vaqué Jordi 2006.

853a30. « Vers le haut » ne signifie pas « perpendiculairement à ΑΓ », mais perpendiculairement en B à AB et à ΓB, ce qui disjoint la pièce de bois.

853a32. Voir la notice de Heath 1949, p. 242-243 et le commentaire de Krafft 1970, p. 45 et suiv. – Ces poulies sont placées l'une au-dessus de l'autre et solidaires de supports en bois. Le support supérieur, ou chape, est fixe ; le support inférieur est libre et porte les poids à soulever. La corde enroulée autour des poulies est attachée au support supérieur par l'une de ses extrémités ; on tire sur l'autre extrémité, donc de haut en bas. Le cas d'une poulie unique est évoqué dans les lignes b1-2 ; mais la deuxième partie de l'assertion est erronée, du moins dans le cas d'une poulie classique, où il faut tirer la corde vers le bas, puisque la force à exercer est alors la même (il est vrai que le changement de direction rend la tâche plus facile). Le problème des poulies est traité de façon beaucoup plus complète par Héron, II, 11-13. Vitruve traite de la poulie à l'occasion de l'étude de la chèvre, X, 3, 2 ; voir FLEURY 1993, p. 61-62 (et aussi 96 et suiv.).

853a39. La réduction fautive de la poulie au levier est exprimée très nettement dans ce passage, mais l'auteur l'a déjà mentionnée plus haut, problème 8, 852a17.

853b1. Dans son édition de 2000, M.E. Bottecchia Dehò garde μιᾶς donné par la plupart des manuscrits. Mais la *lectio facilior* μικρᾶς, qu'on trouve dans les mss. HᵃL et que retiennent CAPPELLE 1812, APELT 1888 et PRESAS I PUIG-VAQUÉ JORDI 2006, est bien tentante ; en tout cas, je l'adopte.

853b3. Confusion de la vitesse et de la puissance. En outre, s'il y a deux poulies disposées comme indiqué *supra*, la force nécessaire est réduite seulement de moitié.

853b25. L'identification du type de balance décrit dans le problème 19 a fait couler beaucoup d'encre (voir la note de BOTTECCHIA DEHÒ 2000, p. 189-194). Selon la plus récente étude du passage (KNORR 1982, p. 121-135), il ne s'agit pas de la balance romaine ordinaire, mais d'une variété, comportant plusieurs cordes de suspension, de ce qu'on appelle la « balance danoise ». La traduction par « statère » (calque du latin *statera*), adoptée par M.E. Bottecchia Dehò et que je reprends, est un pis-aller, car la statère est proprement la balance romaine, mais le mot a l'avantage sur le simple « balance » de désigner une balance à fléaux inégaux.

853b32. Le σφαίρωμα est un contrepoids rond et fixe, par opposition au σταθμός, qui est un contrepoids mobile. Mais ici l'auteur emploie indifféremment les deux mots.

853b34. La plupart des manuscrits écrivent τῆς πλάστιγγος ; le ms. Par porte φάλαγγος, adopté par CAPPELLE 1812, APELT 1888, FORSTER 1913 et PRESAS I PUIG-VAQUÉ JORDI 2006, que je suis. HETT 1936 et BOTTECCHIA DEHÒ 2000 gardent le texte transmis mais traduisent φάλαγγος.

853b37. Par « moitié », l'auteur n'entend pas une longueur, mais le fait que les parties de la balance situées de part et d'autre de la corde de suspension sont en équilibre ; c'est déjà l'interprétation qu'on trouve dans la scolie publiée par BOTTECCHIA DEHÒ 1982.

853b38. Dans le texte transmis, le nominatif σταθμός est d'une syntaxe très incorrecte. CAPPELLE 1812 propose de corriger ὥστε (l. 39) en οἷος. BOTTECCHIA DEHÒ 2000 garde le texte traditionnel (n. *ad loc.*, p. 194), mais accepte et traduit la conjecture de Cappelle (que je retiens).

853b39. Les interprètes ne s'accordent pas sur le sens de σπαρτία à cet endroit : « cordes de suspension » ou « incisions faites sur le fléau de la balance ». BOTTECCHIA DEHÒ 2000 prend ce dernier sens ; l'inconvénient est que, dans cette interprétation, la forme κινουμένων se justifie encore moins ; de plus, il faut que le sens du mot ait changé à deux lignes d'intervalle. Je traduis par « cordes » et lis κειμένων « placées » au lieu de κινουμένων « déplacées ».

854a16. Le problème 20 est repris par Héron, II, 34, question *i*, (NIX-SCHMIDT 1900, p. 180.

854a25. DRACHMANN 1963a, p. 17, indique que le davier en question n'est pas destiné à arracher les dents, mais à les déchausser, alors que, chez Héron, il sert pour toute l'opération.

854b1. J'accepte l'athétèse de ὑφ'ὧν proposée par FORSTER 1913. Mais toute la phrase est d'une syntaxe peu compréhensible et a fait l'objet de diverses corrections ; aussi ma traduction est-elle donnée sous toute réserve. Les autres traducteurs s'arrangent eux aussi comme ils peuvent d'un texte intraduisible.

854b1. L'auteur décrit un casse-noix où le fruit est placé au-delà de l'attache des deux bras, qui sont donc des leviers du premier genre, les seuls dont il soit question dans le traité. La plupart de nos casse-noix sont en revanche formés de leviers du deuxième genre.

854b5. Le verbe « soulever » est peu heureux ici et en b13. Il est appelé par l'analogie avec l'action d'un seul levier du premier genre, qui « soulève » un objet pesant sous lequel il est placé. C'est ce que dit aussi DRACHMANN 1963a, p. 17-18.

854b16. Sur ce « losange des vitesses » (ou des transports, car les deux termes sont employés), voir HEATH 1949, p. 245-246, dont le résumé est plus lisible que notre texte, à la fois maladroit et elliptique. Noter que le texte, à partir de 855a2, implique que l'angle en A soit obtus et l'angle en B aigu (les deux sommets en question sont évidemment consécutifs), contrairement à la figure donnée par Heath.

854b17. L'expression « sur la même droite » signifie « sur la même distance », parce que la distance est mesurée par la droite qui joint les deux points.

854b29. C'est-à-dire « que soit tracé le côté EΘ ». Un peu plus loin, « compléter le parallélogramme depuis le point H » veut dire : « tracer le côté HΘ ».

854b39. HETT 1936 et BOTTECCHIA DEHÒ 2000 lisent le mot transmis πλευρῶν, mais traduisent comme s'il y avait διαμέτρων.

855a4. Tous deux : c'est-à-dire le point B et le côté AB.

855a5. Le côté transporté d'un seul mouvement est le côté AB.

855a11. Avec FORSTER 1913, je lis αὐτὸ (qu'on trouve dans le ms. P[t]) au lieu de αὐτὴ, puisque l'auteur, pour désigner le point, emploie toujours le neutre σημεῖον et jamais le féminin στιγμή.

855a29. Dans le problème 23, il est question de ce que l'on appelle la « roue d'Aristote », qui a fait couler beaucoup d'encre depuis la Renaissance. Outre les notes de CAPPELLE 1812, p. 258-267 et de HEATH 1949, p. 246-252, on pourra se procurer facilement DRABKIN 1950, et, plus spécialisé, COSTABEL 1964. – Le problème 23 est repris plus brièvement par Héron, I, 7 (NIX-SCHMIDT 1900, p. 16-18).

855a32. Il y a une erreur mathématique : les surfaces de deux cercles ne sont pas proportionnelles à leurs circonférences. Cf. *Éléments*, XII, 2 : Οἱ κύκλοι πρὸς ἀλλήλους εἰσιν ὡς τὰ ἀπὸ τῶν διαμέτρων τετράγωνα « Les cercles sont entre eux comme les carrés élevés sur les diamètres. »

855b1. Les lignes 855a36-b1 sont pour le moins très maladroites, sinon erronées. Le contexte semble imposer l'idée que, dans le cas de deux cercles différents, concentriques ou non, à des angles au centre égaux correspondent des arcs inégaux, le plus grand arc étant celui du grand cercle. Mais je ne comprends pas comment on pourrait arriver à ce sens avec le texte tel qu'il est transmis, notamment dans la manière de faire intervenir les angles, sans compter la syntaxe bizarre de τῆς οἰκείας διαμέτρου (qu'il faut rapporter à « arc » ou à « angle » ?). Aussi ma traduction est-elle donnée sous toutes réserves. BOTTECCHIA DEHÒ 2000 résout la difficulté en remplaçant tacitement dans sa traduction le mot « angle » par le mot « arc », mais c'est impossible, car c'est περιφέρεια (l. 37) qui veut dire « arc ».

855b10. Puisque le mouvement imprimé au cercle est un mouvement de roulement et pas le mouvement de toupillage, c'est-à-dire de rotation sur lui-même, le mouvement imprimé au centre A est un transport qui se fait sur la droite ABΓ.

855b10. Ici et en b19, il faut comprendre que « fixer le cercle » signifie que ce cercle est solidaire de l'autre et ne peut pas avoir de mouvement libre. Lorsque c'est le grand cercle est fixé sur le petit, sa rotation se fait sur une droite plus petite que celle qu'il aurait développée dans une rotation libre ; lorsque c'est le petit cercle qui est fixé sur le grand, la rotation du petit cercle se fait sur une droite plus grande qu'il ne l'aurait fait dans une rotation libre.

855b24. Le texte de la plupart des manuscrits est τὸ δὲ μήτε στάσεως γινομένης τὸ μεῖζον τῷ ἐλάττονι ; en l'état, il est incompréhensible. CAPPELLE 1812, en suivant le manuscrit *Parisinus gr.* 2115 (Par. A), a proposé, à la place de τὸ μεῖζον, de lire τοῦ μείζονος, qui a été accepté par APELT 1888, FORSTER 1913, HETT 1936 et PRESAS I PUIG-VAQUÉ JORDI 2006 ; j'accepte cette correction. BOTTECCHIA DEHÒ 2000 garde le texte reçu, mais traduit τοῦ μείζονος.

855b33. On a ici une explication de la différence entre principe et cause. CAPPELLE 1812, p. 259, commente en disant que le principe est en quelque sorte le « principe de la cause ».

855b38. CAPPELLE 1812, p. 260, renvoie à 856a26, qui éclaire notre passage. Il semble que le sens soit le suivant : même dans le cas où l'on prend un corps doué d'un mouvement naturel, si ce corps, au mouvement qui lui vient du moteur, n'ajoute pas un mouvement venant de lui (c'est-à-dire s'il oppose une force d'inertie), le résultat sera le même, c'est-à-dire qu'il sera mû plus lentement que s'il était mû d'un mouvement propre par une force égale à celle que déploie le moteur.

856a2. Dans tout le paragraphe qui suit, les cercles en question ne sont pas concentriques et fixés l'un à l'autre.

856a15. La phrase est corrompue et a été diversement corrigée et comprise. J'adopte la proposition de FORSTER 1913, qui place un virgule après ὁ μείζων (a14) au lieu d'un point et corrige ὁποτεροσοῦν en ὁποτερωσοῦν.

856a24. Il s'agit ici de deux cercles extérieurs l'un à l'autre et tangents entre eux ; il semble que l'auteur veuille dire que l'un des cercles peut patiner, et donc s'arrêter de tourner. Ce n'est évidemment pas le cas lorsque les deux cercles sont concentriques et solidaires l'un de l'autre.

856a35. Voir la définition de l'*accident* et l'usage des deux exemples « lettré » et « blanc » dans *Métaphysique*, Δ, 30.

856b7. Une scolie contenue dans l'un des manuscrits explique que « diviser un morceau de bois selon sa nature » signifie le fendre dans le sens des fibres en commençant par une extrémité, et que tendre les cordes diagonalement provoque cette rupture à l'extrémité.

856b11. La démonstration qui suit est destinée à prouver que le laçage qui ne se fait pas diagonalement permet d'économiser de la corde. Le laçage diagonal consiste dans un appareil de cordes parallèles aux deux diagonales du rectangle. Les érudits de la Renaissance avaient déjà signalé que le texte était inintelligible, tout particulièrement à partir de 856b21 (voir la note de BOTTECCHIA DEHÒ 2000, p. 199). Les traducteurs en sont donc réduits à donner leur traduction sous toutes réserves.

856b22 (et b29). Cf. Euclide, *Éléments*, I, prop. 34 (début de l'énoncé) : Τῶν παραλληλογράμμων χωρίων αἱ ἀπεναντίον πλευραί τε καὶ γωνίαι ἴσαι ἀλλήλαις εἰσίν « Dans les aires parallélogrammes, les côtés et les angles opposés sont égaux entre eux, etc. »

856b24. Presque tous les mss. portent la leçon incongrue ἐν ἴσοις éditée par BOTTECCHIA DEHÒ 2000, qui ne la traduit pas ; le mss P^t porte ἐν παραλλήλοις, leçon préférée par CAPPELLE 1812, p. 270, mais qui n'a pas plus de sens ; en outre, dans les deux cas, pourquoi la forme est-elle au masculin ou au neutre ? J'ai mis ma traduction entre *cruces*, car il s'agit ou bien d'une interpolation privée de sens, ou bien d'une forme très altérée.

856b24. Ces angles sont extérieurs et intérieurs au parallélogramme BHKA.

856b25. Il faut combiner les deux propositions Euclide, *Éléments*, I, 5 (début de l'énoncé) : Τῶν ἰσοσκελῶν τριγώνων αἱ πρὸς τῇ βάσει γωνίαι ἴσαι ἀλλήλαις εἰσίν « Dans les triangles isocèles, les angles à la base sont égaux entre eux, etc. » ; et I, 32 (début et fin de l'énoncé) : Παντὸς τριγώνου... αἱ ἐντὸς τοῦ τριγώνου τρεῖς γωνίαι δυσὶν ὀρθαῖς ἴσαι εἰσίν « Dans tout triangle..., la somme des trois angles intérieurs du triangle est égale à deux droits. »

856b28. Comme BEKKER 1831a, BOTTECCHIA DEHÒ 2000 écrit ΑΓ, qu'il faut changer en ΒΓ, qu'on trouve dans les mss. H^{a}LPar et qu'adoptent CAPPELLE 1812, APELT 1888, FORSTER 1913, HETT 1936 et PRESAS I PUIG-VAQUÉ JORDI 2006.

856b31. Pour les lignes peu claires qui suivent, voir le commentaire de CAPPELLE 1812, p. 271-272.

857a1. Ces côtés AZ et ZH appartiennent à la première figure, et pas au nouveau rectangle ABΓΔ ; même chose plus loin pour les côtés AZ et BZ et la droite AB.

857a3. Cf. Euclide, *Éléments*, I, 20 : Παντὸς τριγώνου αἱ δύο πλευραὶ τῆς λοιπῆς μείζονές εἰσι πάντη μεταλαμβανόμεναι « Dans tout triangle, la somme de deux côtés, permutés de n'importe quelle manière, est plus grande que le côté restant. »

857a35. Voir LONGO 2003, p. 78-80. Ces balanciers, qu'on peut encore voir dans certains pays d'Europe orientale, sont faits d'une traverse horizontale portée par un bâti central et alourdie à une extrémité, le plus souvent celle qui ne porte pas le seau ; alors le bras qui porte le seau est plus long (mais on rencontre aussi la disposition générale inverse). À l'autre extrémité, qui surplombe le puits, il y a une corde qui porte le seau et que l'on fait monter ou descendre. Lorsqu'on veut faire descendre le seau, il faut exercer un certain effort sur la corde (« même si on le fait descendre un peu plus lentement », dit l'auteur en 857b2), qui fait se soulever l'autre bras du balancier, où est accroché le contre-poids ; en revanche, la remontée du seau exige plutôt que l'on freine le mouvement. – L'historien Hérodote en fait mention à deux reprises, en employant le même mot, en I, 193,1, pour l'irrigation des terres agricoles de l'Assyrie, et VI, 119,13, où il explique la méthode utilisée en Perse pour l'extraction d'un mélange de bitume, de sel et de pétrole.

857b8. « L'autre façon » est le procédé qui consiste, lorsqu'on n'a pas de balancier, à faire descendre et monter un seau attaché à une corde que l'on prend en main ; il est facile de faire descendre le seau vide, mais difficile de le remonter plein.

857b9. Le problème des portefaix est aussi traité par Vitruve, X, 3, 7-9 ; voir FLEURY 1993, p. 83-87. Chez Héron, différentes formes du problème sont examinées dans les sections 25 à 30 du Livre I.

857b14. Le mouvement dont il est question ici et à la ligne suivante est un mouvement vertical et pas horizontal.

857b17. La pression de haut en bas exercée par le poids est contraire à la force dirigée vers le haut exercée par le porteur.

857b21. La résolution du problème 29 est erronée, faute de la théorie du centre de gravité. Voir Cappelle 1812, p. 277-278, et Bottecchia Dehò 2000, p. 202.

857b25. Cf. d'abord la définition de l'angle droit donnée par Euclide, *Éléments*, I, *définition* 10 : « Lorsqu'une droite placée sur une droite fait les angles adjacents égaux entre eux, chacun des angles égaux est droit, et la droite élevée est appelée perpendiculaire à celle sur laquelle elle est élevée. » Ensuite le *postulat* 4 : « [Qu'il soit demandé que] tous les angles droits soient égaux. » Ainsi, si l'angle droit est la « cause de l'égal », c'est parce que les angles droits sont égaux entre eux. L'immobilité dont il est question dans notre traité se comprend par opposition à l'angle aigu et à l'angle obtus, qui n'ont pas de grandeur déterminée. Voir le commentaire de Proclus aux *Éléments* (Friedlein 1873, p. 132,6-17) : « Dès lors, puisque les angles rectilignes sont constitués selon ces principes [*scil.* la limite et l'illimité], c'est à juste titre que la notion qui vient de la limite produit l'angle droit, qui est unique, dominé par l'égalité et la similitude relativement à tout angle droit, toujours déterminé et immuable, susceptible ni d'augmentation ni de diminution, tandis que la notion qui vient de l'absence de limite…, fait voir deux angles de part et d'autre de l'angle droit caractérisés par l'inégalité relativement au grand et au petit ainsi qu'au plus et au moins, et susceptibles d'un mouvement indéfini, l'un étant plus ou moins obtus, l'autre plus ou moins aigu. » Le ressassement de ces idées dans le commentaire de Proclus est un indice montrant que ces thèmes étaient récurrents dans la réflexion des Grecs sur les définitions de la géométrie ; voir aussi les *Définitions* d'Héron (*Definitiones*, *déf.* 21, Heiberg 1912, p. 28,10-12) : Ἥ τε γὰρ ὀρθὴ γωνία ἀεὶ ἕστηκεν ἡ αὐτὴ μένουσα τῆς ὀξείας καὶ ἀμβλείας ἐπ' ἄπειρον μετακινουμένων « L'angle droit est toujours fixe et reste toujours le même, tandis que les angles aigu et obtus varient indéfiniment » ; ou encore Théon de Smyrne (Hiller 1878, p. 101,1-5).

857b26. Pour cette phrase, j'adopte l'interprétation de Heath, p. 254, qui me paraît en avoir découvert le véritable sens. Les traducteurs comprennent en substance comme ceci : « En se levant, l'homme se déplace en faisant des angles égaux avec la surface de la terre ». Heath a eu l'idée de rapprocher un passage du *Traité du ciel*, II, 14, 296b18-20, qui présente des ressemblances troublantes avec celui de notre traité : Ὅτι δὲ φέρεται καὶ πρὸς τὸ τῆς γῆς μέσον, σημεῖον ὅτι τὰ φερόμενα βάρη ἐπὶ ταύτην οὐ παρ᾽ ἄλληλα φέρεται ἀλλὰ πρὸς ὁμοίας γωνίας, κτλ. « Qu'ils [= les corps doués de poids] se portent aussi vers le centre de la terre, nous en avons une preuve dans le fait que les corps lourds qui tombent sur la terre ne se déplacent pas sur des lignes parallèles, mais font des angles égaux, etc. » Dans les deux cas, les angles égaux en question sont des angles droits. L'auteur de notre traité emploie l'expression d'« angles semblables », qu'on trouve aussi avec le sens d'« angles égaux » chez Aristote et notamment à cet endroit de *Du ciel*. – La séquence οὐ γὰρ ὅτι est incompréhensible. Elle a été corrigée par Monantheuil (voir CAPPELLE 1812, p. 110) en οὕτω γὰρ. BOTTECCHIA DEHÒ 2000 garde le texte transmis, mais traduit οὕτω γὰρ.

857b30. La forme traditionnelle γίνεσθαι est syntaxiquement incorrecte. La forme attendue γίνεται est donnée par le ms. L^v et a été adoptée par CAPPELLE 1812.

857b35. L'expression « de cette manière » renvoie probablement à la figure annexée au texte.

858a1. Au lieu de ἴσης, je lis εὐθείας qu'on trouve dans les mss. H^a et L ; cette leçon a été adoptée par Monantheuil (cité par CAPPELLE 1812, p. 277, qui approuve) et par PRESAS I PUIG-VAQUÉ JORDI 2006.

858a9. Sur cette approche de la notion de « force d'inertie », voir l'*Introduction*.

858a13. Pour une interprétation des problèmes 31 et 32, on pourra consulter MANUWALD 1985, p. 163-167.

858a13. Dans mon interprétation, ces projectiles sont animés de mouvements strictement verticaux de bas en haut. Leur transport cesse lorsqu'ils parviennent au sommet de leur trajectoire.

858a14. Cette poussée en sens contraire est sans doute la résistance du milieu, c'est-à-dire ici l'air.

858a15. Cf. *Physique*, VII, 2, 243a19 et suiv. : « Il y a projection lorsque le moteur produit un mouvement à partir de lui plus fort que le transport naturel et que le mû est transporté jusqu'à ce que le mouvement naturel soit le plus fort ». À cet endroit de la *Physique*, Aristote ne parle pas de l'action du milieu, mais, contrairement à MANUWALD 1985, p. 162, je ne pense pas que ce passage, à la fois très bref et qui fait partie d'une liste de définitions, soit l'indice de l'existence, chez Aristote, d'une théorie de la projection qui ignorerait cette action. D'ailleurs, dans les deux autres passages où Aristote parle des ῥιπτούμενα (= *projectiles*), en *Physique*, IV, 8, 215a14 et suiv., et VIII, 10, 266b28 et suiv., le rôle de l'air comme moteur second est clairement mentionné. Dans le cas de l'ἄπωσις (= *répulsion*), dont il est question juste avant, comme de celui de la ῥῖψις, on a affaire à une situation où c'est uniquement le moteur premier qui est découplé du mobile ; reste, cela va sans dire, l'action du moteur second, c'est-à-dire du milieu. Je ne vois donc pas ici le germe de la théorie philoponienne de l'*impetus*. – Il y a une analogie avec un passage du *Traité du ciel*, II, 6, 288a22, où il est dit que, dans le cas des projectiles, le maximum de vitesse est au milieu de la trajectoire ; l'action de l'air n'est pas mentionnée ici, mais je ne vois pas comment on peut interpréter le passage sans la faire intervenir (cf. FEDERSPIEL 1992b).

858a18. Le problème 32 cherche à dépasser les apories du problème 31 et montre que l'auteur connaît la théorie aristotélicienne de l'action du milieu dans le mouvement de projection. Celle-ci apparaît en plusieurs endroits de l'œuvre d'Aristote, mais sous des formes diverses ; il faut donc être attentif aux différences. En *Physique*, IV, 8, 215a14 et suiv. : « En outre, les projectiles se meuvent sans contact de ce qui les a projetés, soit par le retour en contre-coup (= antipéristase), au dire de certains, soit *par la poussée de l'air poussé* qui imprime au projectile un mouvement plus rapide que son transport vers son lieu naturel ». Puis en *Physique*, VIII, 10, 266b27 et suiv., où il est question du milieu comme instrument du mouvement : « D'autre part, il est à propos de commencer par discuter une difficulté au sujet des corps transportés. En effet, si tout objet mû est mis en mouvement par quelque chose, comment certaines des choses qui ne se meuvent pas elles-mêmes, par exemple les projectiles, peuvent-elles être mues de manière continue, sans contact avec le moteur ? Si le moteur meut en même temps quelque chose d'autre, par exemple l'air, qui meut en étant mû, il est pareillement impossible que ce quelque chose soit mû sans que le moteur originaire soit en contact avec lui et le mette en mouvement. Au contraire, toutes ces choses sont simultanément et en mouvement et en repos quand le premier moteur cesse de mouvoir, même s'il agit comme l'aimant, par exemple s'il meut à son tour ce qu'il a mû. On doit donc nécessairement dire que le moteur originaire rend capable de mouvoir ou bien l'air qui se mouvra à son tour ou encore l'eau ou tout autre chose du même genre qui, par nature, meut ou est mis en mouvement. » De même, dans *Petits traités d'histoire naturelle*, *Des rêves*, 2, 459a29 et suiv. : « Dans le cas des projectiles, ils se meuvent lorsque le moteur ne les touche plus, car le moteur a mû de l'air, et derechef celui-ci, mis en mouvement, meut de l'air » ; et dans le traité *De la divination dans le sommeil* (464a6 et suiv.) : « Quand on met en mouvement de l'eau ou de l'air, cette eau ou cet air met en mouvement une autre portion d'eau ou d'air, et, lorsque cette action cesse, on constate qu' un mouvement de ce genre continue d'aller jusqu'à un endroit donné, en l'absence du moteur ». Enfin, dans *Du ciel*, III, 2, 301b26 et suiv. : « La force, en effet, transmet le mouvement dans les deux cas [= mouvements ascendant et descendant] à l'objet comme si elle imprimait le mouvement de l'air. C'est pourquoi le corps affecté d'un mouvement contraint accomplit son mouvement même quand le moteur ne l'accompagne plus. Si un corps tel que l'air n'existait pas, il n'y aurait pas de mouvement contraint. »

858a21. Cf. aussi Aristote, *Physique*, VIII, 10, 267a8 et suiv. : « Cette chose tend à s'arrêter quand la force motrice s'affaiblit pour ce qui lui est continu. Finalement, elle s'arrête quand le moteur précédent ne la rend plus motrice, mais seulement mue. Alors il est nécessaire que simultanément s'arrêtent le moteur et le mû, ainsi que le mouvement en général. »

858a28. Nouvelle et remarquable évocation du substitut grec de la force d'inertie. Il ne s'agit pas ici de la résistance au choc ou à la pénétration, mais de la résistance à la poussée.

858a27. Ce qui est particulièrement intéressant à cet endroit, c'est l'idée qu'un corps de résistance très faible, par exemple un flocon de laine, ne peut être lancé loin. Mais l'auteur ne songe pas à la résistance de l'air. Celle-ci est en revanche invoquée par Archytas (Archytas, fr. 47 B 1 D.-K.) : Ἔτι δὲ καὶ τοῦτο συμβαίνει ὥσπερ ἐπὶ βελῶν· τὰ μὲν ἰσχυρῶς ἀφιέμενα πρόσω φέρεται, τὰ δ' ἀσθενῶς, ἐγγύς. Τοῖς γὰρ ἰσχυρῶς φερομένοις μᾶλλον ὑπακούει ὁ ἀήρ· τοῖς δε ἀσθενῶς, ἧσσον « En outre, cela se produit comme dans le cas des projectiles ; les projectiles lancés avec force sont transportés loin, ceux qui le sont sans force sont transportés tout près. Car l'air cède davantage aux corps transportés avec force, et cède moins à ceux qui le sont sans force. »

858a31. CAPPELLE 1812, p. 280, suppose que, par « profondeur », l'auteur veut exprimer l'immensité de l'étendue de l'air, quelle que soit la dimension considérée. En réalité, le mot désigne, par opposition à la longueur et à la largeur, la troisième dimension de l'espace, mais déterminée d'une façon particulière, c'est-à-dire par la droite qui joint le lanceur et le but situé devant lui ; il faut imaginer ici, non pas un mouvement vertical de bas en haut, comme dans le problème 31, mais un mouvement grossièrement horizontal, tel que celui d'un javelot ou d'une flèche. Ce sens a peut-être été emprunté à *Du ciel*, II, 2, 284b24, où il est parfaitement attesté : Ἔστι δὲ τὸ μὲν ἄνω τοῦ μήκους ἀρχή, τὸ δὲ δεξιὸν τοῦ πλάτους, τὸ δ' ἔμπροσθεν τοῦ βάθους « Le haut est principe de la longueur, la droite de la largeur, et l'avant est principe de la profondeur ».

858b4. On peut faire une comparaison fructueuse avec la description des tourbillons que donne Plutarque, *Sur les oracles de la Pythie*, 404E, dans un contexte très différent qui ne nous intéresse pas ici : Ὡς γὰρ οἱ δῖνοι τῶν ἅμα κύκλῳ καταφερομένων σωμάτων οὐκ ἐπικρατοῦσι βεβαίως, ἀλλὰ κύκλῳ μὲν ὑπ' ἀνάγκης φερομένων, κάτω δὲ φύσει ῥεπόντων γίγνεταί τις ἐξ ἀμφοῖν ταραχώδης καὶ παράφορος ἑλιγμός « Les tourbillons ne dominent pas totalement les corps qui sont entraînés ensemble vers le bas dans un mouvement circulaire ; ces corps ont un mouvement contraint circulaire et tombent vers le bas d'un mouvement naturel, et le mouvement qui résulte de leur conjonction est un mouvement hélicoïdal, irrégulier et désordonné. » – On trouve chez Plutarque une notation précieuse qui manque ici : le mouvement des tourbillons n'est pas circulaire, mais en forme de spirale. En revanche, les deux textes ont en commun de noter que les tourbillons ne dominent pas les corps pourvus d'une certaine taille (οὐκ ἐπικρατοῦσι chez Plutarque et μὴ κρατεῖ dans notre traité). Mais cette notation reste incompréhensible chez Plutarque et ne prend son sens que dans notre passage : dire que le mouvement tourbillonnaire ne domine pas certains corps signifie que ces corps, qui sont des corps lourds, opposent de la résistance et ne se meuvent pas aussi vite que les cercles qui les portent, ce qui fait qu'ils vont vers le centre et vers le bas. – La théorie des tourbillons joue un rôle important dans la cosmologie des Présocratiques : Anaxagore, Empédocle, Leucippe et Démocrite ; voir les articles δινεῖν, δίνη, δίνησις, δῖνος de l'*Index* des *Vorsokratiker* dans DIELS-KRANZ 1952. Pour les précurseurs Anaximandre et Anaximène, voir HEIDEL 1906. La théorie des tourbillons est parodiée par Aristophane dans ses *Nuées*, principalement v. 380. Platon en parle dans le *Phédon*, 99b : Διὸ δὴ καὶ ὁ μέν τις, δίνην περιτιθεὶς τῇ γῇ, ὑπὸ τοῦ οὐρανοῦ μένειν δὴ ποιεῖ τὴν γῆν « C'est pourquoi, l'un (= Empédocle) entoure la terre d'un tourbillon et fait la terre demeurer en repos sous l'action du ciel ». Aristote y fait allusion à plusieurs reprises, par exemple en *Du ciel*, II, 13, 295a10-14 : ταύτην γὰρ τὴν αἰτίαν πάντες λέγουσιν ἐκ τῶν ἐν τοῖς ὑγροῖς καὶ περὶ τὸν ἀέρα συμβαινόντων· ἐν τούτοις γὰρ ἀεὶ φέρεται τὰ μείζω καὶ βαρύτερα πρὸς τὸ μέσον τῆς δίνης « En effet, c'est là la cause dont tous font état [pour expliquer la position centrale de la terre] en se fondant sur ce qui se passe dans les liquides et dans l'air ; dans ces milieux, les objets gagnent d'autant plus le centre du tourbillon qu'ils sont plus grands et plus lourds. » Les interprètes du *Traité du ciel* éprouvent les plus grandes difficultés à comprendre la théorie présocratique des tourbillons à laquelle Aristote fait allusion ; il me semble que le modèle tourbillonnaire en spirale qu'on vient de voir permettrait de lever un certain nombre de difficultés.

858b18. Avec CAPPELLE 1812 et FORSTER 1913, je pense qu'il faut introduire une négation devant τὸ αὐτό. Il n'est pas question de vitesse angulaire ici, pas plus que dans le reste de l'ouvrage.

Notes sur *Des lignes insécables*

968a6. L'argument vise probablement à surmonter, par l'hypothèse d'une grandeur sans parties dans la quantité, les difficultés entraînées par la dichotomie zénonienne illimitée. Le raisonnement, qui procède par l'absurde, est si primitif (il est qualifié de « naïf » par le réfutateur en 969a14) que l'on a pu hésiter à l'attribuer à Xénocrate ; Hirsch 1953 y verrait plutôt des conceptions pythagoriciennes. Mais, sur la dialectique du Grand et du Petit dans l'Académie, voir par exemple Krämer 1971, p. 339-340. – Voir *Catégories*, 6, et *Métaphysique*, Δ, 13, qui traitent du ποσόν, la *quantité*. Selon qu'elle est continue ou discontinue, la quantité comporte deux couples de contraires ; dans le premier cas (les grandeurs géométriques, notamment), le *grand* et le *petit* ; dans le second cas (les nombres ou ce qui est susceptible d'être nombré), le *beaucoup* et le *peu*. – Sur le rapport de ces notions avec la théorie des Idées, chez Platon et les Platoniciens, du moins dans l'interprétation qu'en donne Aristote, voir *Métaphysique*, A, 9, 992a10 et suiv. ; M, 9, 1085a7 et suiv. ; N, 1, 1087b15 (cf. *infra*, n. à 968b25), 1088a18 ; N, 2, 1089b12.

968a9. L'argument qui, tel qu'il est transmis, ne peut prétendre à avoir une portée mathématique, raisonne par l'absurde en opposant deux thèses incompatibles : que l'Idée soit première et que les parties soient antérieures au tout (cette dernière est effectivement xénocratique, fr. 121 dans Isnardi Parente 1982). C'est, au moins en substance, l'argument prêté par Aristote aux Platoniciens dans *Génération et corruption*, A, 2, 316a10-12 : περὶ γὰρ τοῦ ἄτομα εἶναι μεγέθη, οἱ μέν φασιν ὅτι τὸ αὐτοτρίγωνον πολλὰ ἔσται « au sujet de l'existence des grandeurs insécables, les uns disent que < ,si l'on refuse de les admettre, > le triangle en soi sera multiple ». – Cf. *Métaphysique*, M, 6, 1080b28-29 : οἱ δὲ τὰ μαθηματικά, οὐ μαθηματικῶς δέ· οὐ γὰρ τέμνεσθαι οὔτε μέγεθος πᾶν εἰς μεγέθη « les autres admettent les grandeurs mathématiques, mais n'en traitent pas de manière mathématique ; en effet, ils refusent que toute grandeur se divise en grandeurs » ; l'expression « les autres » désigne très probablement Xénocrate, comme on lit dans le commentaire de Syrianus à ce passage (fr. 46 dans HEINZE 1892 ; fr. 147 dans ISNARDI PARENTE 1982). Et aussi *Métaphysique*, N, 3, 1090b20 : τοῖς δὲ τὰς ἰδέας τιθεμένοις... ποιοῦσι... τὰ μεγέθη ἐκ τῆς ὕλης καὶ ἀριθμοῦ, ἐκ μὲν τῆς δυάδος τὰ μήκη, κτλ. « ceux qui posent les Idées... constituent les grandeurs à partir de la matière et du nombre, les longueurs à partir de la dyade, etc. » ; ici aussi il s'agit de Xénocrate.

968a10. Sur les synonymes, voir par exemple *Catégories*, 1, 1a6-8 : Συνώνυμα δὲ λέγεται ὧν τό τε ὄνομα κοινὸν καὶ ὁ κατὰ τοὔνομα λόγος τῆς οὐσίας ὁ αὐτός, οἷον ζῷον ὅ τε ἄνθρωπος καὶ ὁ βοῦς « Sont dites synonymes les choses dont le nom est commun et dont la définition, pour ce qui se rapporte à ce nom, est la même, par exemple l'homme et le bœuf sont chacun un animal. »

968a13. Dans les textes mathématique, la surface se dit ἐπιφάνεια ; ce mot est remplacé ici par le mot ἐπίπεδον qui, dans son sens purement technique, veut dire « plan ». C'est souvent le cas aussi chez Aristote ; par exemple, dans *Du ciel*, le mot ἐπιφάνεια est rare (268b2 et 286b25) ; inversement, dans ce même traité, le mot ἐπίπεδον n'a qu'une fois son sens euclidien de « plan » (286b13). Les commentateurs d'Aristote font les mêmes confusions.

968a16. KRÄMER 1971, p. 346, remarque que le mot « indivisible » ici est ambigu, puisqu'il peut avoir les deux sens d'une indivisibilité en éléments comportant autant de dimensions ou d'une indivisibilité en éléments comportant moins de dimensions (surfaces, lignes ou points) (le premier cas étant plus vraisemblable, puisque cela sauve la doctrine platonicienne du *Timée*).

968a17. Formellement, l'argument procède de la même manière que l'argument précédent ; il suffit de remplacer *idée* par *élément*. La différence est que, comme le souligne l'auteur de l'argument, nous ne sommes plus dans l'intelligible, mais dans le sensible. HIRSCH 1953, p. 76, en conclut fort justement que l'argument est né au sein de l'Académie (mais pas chez Platon, dont la doctrine des éléments présentée dans le *Timée* est tout autre), et pas chez les atomistes ; Xénocrate peut effectivement en être l'auteur. Mais il est peu vraisemblable qu'on ait pu soutenir que les éléments sont indivisibles, puisqu'ils sont macroscopiques ; en réalité, Xénocrate soutenait que les éléments sont à leur tour composés de particules élémentaires (fr. 50 et 51 dans HEINZE 1892 ; fr. 151 et 148 dans ISNARDI PARENTE 1982).

968a18. Le passage 968a18-23 est cité dans les *Vorsokratiker* dans la section consacrée à Zénon d'Elée (Zénon, fr. 29 A 22 D.-K.).

968a19. C'est l'argument de la *Dichotomie*. Cf. plusieurs *loci* d'Aristote, comme *Physique*, VI, 2, 233a21 et suiv. (voir note suivante), ou encore *Physique*, VI, 9, 239b11-13 et suiv. : Πρῶτος [*scil.* λόγος] μὲν ὁ περὶ τοῦ μὴ κινεῖσθαι διὰ τὸ πρότερον εἰς τὸ ἥμισυ δεῖν ἀφικέσθαι τὸ φερόμενον ἢ πρὸς τὸ τέλος « Le premier argument est celui qui dit que l'objet transporté ne se meut pas parce qu'il doit arriver au milieu avant d'arriver à la fin ». On pourra lire une version de cet argument dans le commentaire de Simplicius à la *Physique* (DIELS 1882, p. 947,6 et suiv).

968a21. La solution apportée par les partisans des lignes insécables à l'aporie zénonienne n'a rien à voir avec la solution d'Aristote, fondée sur la distinction de l'acte et de la puissance. Pourtant, l'auteur de la présentation du début de l'argument suit de très près *Physique*, VI, 2, 233a21-23, où Aristote répond à Zénon : Διὸ καὶ ὁ Ζήνωνος λόγος ψεῦδος λαμβάνει τὸ μὴ ἐνδέχεσθαι τὰ ἄπειρα διελθεῖν ἢ ἅψασθαι τῶν ἀπείρων καθ' ἕκαστον ἐν πεπερασμένῳ χρόνῳ « C'est pourquoi l'argument de Zénon suppose faussement que les infinis ne peuvent pas être parcourus ou touchés un à un en un temps fini ». On peut penser, ou bien que le réfutateur, c'est-à-dire l'auteur de notre traité, a réécrit l'argument qu'il prête à son adversaire en se référant d'emblée à Aristote, ou bien que c'est l'auteur de l'argument lui-même qui a pris soin de se couvrir de l'autorité d'Aristote alors même qu'il soutient une thèse antiaristotélicienne. Mais on ne peut exclure l'hypothèse que la rédaction des arguments zénoniens qui circulait au IVe s. appelait la présentation qu'on trouve précisément aussi bien à cet endroit d'Aristote que dans notre traité. – Le début du quatrième argument opère lui aussi avec un raisonnement par l'absurde : a) Supposons, avec Zénon, que les grandeurs soient divisibles à l'infini ; b) il en résulte que, pour parcourir une distance quelconque, il faudrait toucher une infinité de choses dans un temps fini ; c) puisque c'est impossible, comme tout le monde, et Zénon lui-même, l'accorde, l'hypothèse a) est fausse, ce qui implique l'existence des lignes insécables (cette conclusion est

énoncée tout au début). – La seconde partie de l'argument (968a23-b3)
comporte un raisonnement qui, d'après Aristote, (*Physique*, VIII, 8,
263a4, et *Métaphysique*, α, 2, 994b23), devait circuler à l'époque, et qui
est présenté lui aussi sous la forme d'un raisonnement par l'absurde :
supposons, contrairement à ce qu'implique la thèse de Zénon, qu'un
mobile, et plus particulièrement la pensée, puisse toucher une infinité de
choses dans un temps fini ; mais cette thèse est impossible, comme cela
a été dit au début de l'argument ; c'est donc la thèse de Zénon qui est
la bonne, avec les conséquences qu'il faut en tirer. L'intérêt historique
de cet argument est considérable, parce qu'il est plus développé que la
présentation qu'en donne Aristote dans les passages de *Physique* VIII
et de *Métaphysique*, α ; en outre, les trois textes assimilent le toucher
d'une infinité de choses par la pensée au fait de compter. Ces textes
puisent-ils tous à la même source, ou l'auteur du quatrième argument
les a-t-il repris à Aristote ? Que la source ultime soit bien Xénocrate est
prouvée par la définition que celui-ci donne de l'âme comme « nombre
qui se meut lui-même (τὴν ψυχὴν ἀριθμὸν κινοῦνθ᾽ ἑαυτόν, dans la
version donnée par Aristote, *De l'âme*, I, 2, 404b29) (fr. 60-65 dans
Heinze 1892 ; fr. 165-212 dans Isnardi Parente 1982).

968a22. Le tenant de la théorie des lignes insécables met très justement en avant ce qui est au cœur de l'argument de Zénon : la supposition de la divisibilité indéfinie des grandeurs de type géométrique
(« ce qui n'est pas dépourvu de parties a toujours un milieu »), qui était
certainement un acquis de la pensée philosophique et mathématique de
l'époque et que récusent Xénocrate et ses partisans. – Très important
est le passage parallèle de *Physique*, I, 3, 187a1-3 : ἔνιοι δ᾽ ἐνέδοσαν
τοῖς λόγοις ἀμφοτέροις, τῷ μὲν ὅτι πάντα ἕν, εἰ τὸ ὂν ἓν σημαίνει,
ὅτι ἔστι τὸ μὴ ὄν, τῷ δὲ ἐκ τῆς διχοτομίας, ἄτομα ποιήσαντες μεγέθη
« D'aucuns ont accordé quelque chose aux deux théories, à l'une, selon
laquelle tout est un si l'être signifie une seule chose, on accorde que
le non-être existe, à l'autre, qui opère avec la dichotomie, on répond
en inventant des grandeurs insécable*s* ». La théorie de l'univocité de
l'être est celle de Parménide ; quant aux auteurs visés dans la seconde
partie, ce sont très probablement les Platoniciens comme Xénocrate, et
pas les atomistes Démocrite et Leucippe (comme certains l'ont cru),
lesquels sont en revanche visés dans le passage parallèle de *Génération
et corruption*, I, 2, 316a14 et suiv., où il est question de la division
par le milieu (κατὰ τὸ μέσον). Ce passage, cité *supra*, de la *Physique*
d'Aristote, qui expose très précisément les motifs de l'invention de

la théorie des lignes insécables, me paraît propre à donner une place centrale au quatrième argument.

968b5. J'ai essayé d'interpréter l'argument qu'on va lire dans un article de la *Revue de Philologie* (FEDERSPIEL 1980). La même année a vu la parution d'un travail très différent de F. Franciosi sur le même sujet (FRANCIOSI 1979-1980). On lira aussi les importants développements de JOACHIM 1908, HIRSCH 1953, KRÄMER 1971, TIMPANARO CARDINI 1970 et ISNARDI PARENTE 1982. Les différences d'interprétation se reflètent en partie dans les leçons adoptées par les exégètes pour tenter de donner un sens à un texte très corrompu. GAISER 1963 (p. 158 et suiv. ; voir aussi les notes, 375 et suiv.) situe cet argument mathématique dans la ligne de la doctrine tardive et non écrite de Platon sur les premiers principes et lui donne une perspective ontologique. – L'argument peut être résumé en ces termes. Pour prouver l'existence des lignes insécables, l'auteur prend appui sur la théorie de la commensurabilité des grandeurs, dont le traitement mathématique est fourni par le Livre X des *Éléments* d'Euclide. Mais la proposition X, 1 démontre précisément qu'il ne peut exister, en mathématiques, de grandeur ultime, c'est-à-dire plus petite que toutes les autres. Le paralogisme commis par Xénocrate est celui-ci : son raisonnement conclut tacitement à la commensurabilité générale des lignes (il est possible, pour autant qu'on puisse en juger d'une formulation ambiguë, que cette conclusion soit affirmée au début de la réfutation de cet argument, 969b7 ; elle l'est en tout cas en 969b33, qui ne s'applique pas au seul cinquième argument), qui seront toutes mesurées par la ligne insécable ; mais cette conclusion contredit un fait reconnu depuis longtemps, qui est l'existence de l'incommensurabilité linéaire, par exemple dans le cas du rapport de la diagonale du carré au côté.

968b20. Voir Euclide, *Éléments*, X, 36 (définition de la binomiale) et 73 (définition de l'apotomé). Avec le formalisme moderne, l'apotomé s'exprime ainsi : $a-\sqrt{b}$, $\sqrt{a}-b$ ou $\sqrt{a}-\sqrt{b}$; la binomiale s'écrira : $a+\sqrt{b}$, $\sqrt{a}+b$, $\sqrt{a}+\sqrt{b}$.

968b23. La définition aristotélicienne du continu comme d'une grandeur indéfiniment divisible (voir *Physique*, I, 2, 185b10, III 1, 200b20, ou *Du ciel*, I, 1, 268a7), est évidemment exclusive de toute considération de grandeur ou de petitesse. Au Livre N de la

Métaphysique, Aristote rapporte la théorie du Grand et du Petit, du Beaucoup et du Peu à ceux qu'il appelle les « Platoniciens » ; il fonde sa critique sur le fait qu'il s'agit de relatifs ; cf. 1, 1088a34-35 : ἄνευ γὰρ τοῦ κινηθῆναι ὁτὲ μὲν μεῖζον ὁτὲ δὲ ἔλασσον ἢ ἴσον ἔσται θατέρου κινηθέντος κατὰ τὸ πόσον « sans subir de modification, l'un [= des relatifs] peut devenir plus grand, plus petit ou égal, si l'autre se modifie selon la quantité ».

968b25-969a5. On pourra lire une interprétation de cet argument dans mon article FEDERSPIEL 1981, p. 505-506, ainsi que dans l'*Introduction* à ce traité, où j'ai omis les développements philologiques par lesquels j'essaye de justifier le texte grec que je lis.

969a5. L'expression ὁ ἐπιταχθεὶς λόγος « le rapport prescrit » fait partie du vocabulaire mathématique spécialisé. Elle existe sous cette forme exacte dans la *Collection mathématique* de Pappus et dans le commentaire d'Eutocius au traité des *Coniques* d'Apollonius de Perge. On la retrouve sous la variante ὁ ταχθεὶς λόγος sous la plume d'Archimède dans le traité *Des spirales*, dans la lettre-préface à Dosithée et dans les énoncés des propositions 6, 7, 8 et 9. On doit donc supposer qu'elle existait aussi dans certains textes mathématiques préeuclidiens qui ne nous sont pas parvenus. – Il y a dans *Physique*, III, 7, 207b31-32, un passage parallèle à celui-ci : τῷ δὲ μεγίστῳ μεγέθει τὸν αὐτὸν ἔστι τετμῆσθαι λόγον ὁπηλικονοῦν μέγεθος ἕτερον « il est possible de couper une grandeur quelconque dans le même rapport qu'une grandeur très grande. »

969a14. Ces éléments dépourvus de parties sont les unités, comme on voit aussi par *De l'âme*, I, 4, 409a1-3 (à propos de tout autre chose) : Πῶς γὰρ χρὴ νοῆσαι μονάδα κινουμένην, καὶ ὑπὸ τίνος, καὶ πῶς, ἀμερῆ καὶ ἀδιάφορον οὖσαν « Comment faut-il concevoir une unité en mouvement, par quoi et comment sera-t-elle mue, étant *sans parties* et indifférenciée ? » ce caractère de l'unité découle de son indivisibilité (Cf. Platon, *République*, VII, 525e-526a). Les deux traits sont réunis par exemple par Sextus Empiricus, *Contre les physiciens*, I, 317 : ἀμερὴς καὶ ἀδιαίρετός ἐστιν ἡ μονάς « l'unité est sans parties et indivisible ».

969a15. Le thème de l'unité comme principe du nombre revient souvent dans la littérature spécialisée de l'Antiquité. Voir par exemple

Métaphysique, N, 4, 1091b2-3 et 24-25. Ou encore sous la plume d'un néo-pythagoricien comme Nicomaque de Gérasa, *Introduction arithmétique*, I, 8, 2 : ἀρχὴ ἄρα πάντων φυσικὴ ἡ μονάς « l'unité est le principe naturel de tous les nombres [= de tous les genres de nombres] ». Dans son commentaire à l'*Introduction* de Nicomaque (PISTELLI 1894, p. 11,1), Jamblique la définit aussi comme « principe de la quantité ». Quant aux *Théologoumènes de l'arithmétique*, attribués à Jamblique, ils commencent ainsi : Μονάς ἐστιν ἀρχὴ ἀριθμοῦ « l'unité est le principe du nombre ». C'est aussi ce qu'on lit dans les *Définitions* d'Héron d'Alexandrie (HEIBERG 1912, p. 14,18).

969a17. HIRSCH 1953, p. 74, signale fort justement que le réfutateur ne critique pas le deuxième argument, qui ne pose pas, en réalité, des Idées des lignes insécables, mais des Idées des lignes en général. Son raisonnement est dirigé contre des adversaires qui posent des Idées des lignes insécables.

969a18. L'expression ἔλαττον ἀξίωμα est un *hapax* dans le *corpus* aristotélicien. Elle désigne apparemment une assomption subordonnée à une autre, donc d'extension moindre. JOACHIM 1908 traduit par « they are assuming *a premiss too narrow* to carry their conclusion ». Le sens de l'argument serait qu'avant de s'interroger sur l'existence des Idées des lignes insécables (l'ἔλαττον ἀξίωμα), il conviendrait de s'assurer de l'existence de ces dernières (car c'est cela qu'est le véritable ἀξίωμα en jeu). Mais, puisque, pour le réfutateur, les lignes insécables n'existent pas, il n'y aura pas d'Idées de ces lignes.

969a23. Sur la pétition de principe, voir d'abord les *Premiers Analytiques*, II, 16, 64b28 et suiv. Sur les ruses employées par le questionneur pour dissimuler la pétition à laquelle il a recours, voir *Topiques*, VIII, 13.

969a26. Le réfutateur ne se prononce pas directement contre l'argument, qui n'a pas par lui-même de portée mathématique, mais dénonce ici le cercle vicieux que commettent ceux qui utilisent l'argument. Avant de chercher à savoir si les corps sensibles ont des éléments sans parties, et d'en tirer argument pour l'existence des lignes insécables, il fallait se demander s'il existe des lignes insécables. En effet, les lignes mathématiques se disent par abstraction et les êtres naturels par addition. Voir *Du ciel*, III, 1, 299a15-17 : τὰ μὲν ἐξ ἀφαιρέσεως λέγεσθαι, τὰ μαθηματικά, τὰ δὲ φυσικὰ ἐκ προσθέσεως « les objets mathématiques se disent par abstraction, les objets naturels par addition » ; *Métaphysique*, K, 3, 1061a28 et suiv. : ὁ μαθηματικὸς περὶ τὰ ἐξ ἀφαιρέσεως τὴν θεωρίαν ποιεῖται, περιελὼν γὰρ πάντα τὰ αἰσθητὰ θεωρεῖ, οἷον βάρος καὶ κουφότητα καὶ σκληρότητα καὶ τοὐναντίον, κτλ. « le mathématicien étudie les objets obtenus par abstraction ; son étude commence lorsqu'il a ôté tous les caractères sensibles, comme le lourd, le léger, le dur ou son contraire, etc. » ; *Parties des animaux*, I, 641b10 : Ἔτι δὲ τῶν ἐξ ἀφαιρέσεως οὐδενὸς οἷόν τ᾽ εἶναι τὴν φυσικὴν θεωρητικήν « En outre, il est impossible que la science de la nature s'attache à aucun des êtres qui existent par abstraction ». [[Voir le commentaire de M. Federspiel à *Du ciel*, 299a16, dans le premier volume de cette série aristotélicienne.]]. – La divisibilité à l'infini des êtres géométriques entraîne celle des êtres naturels.

969a30. Le paragraphe qui suit est un résumé de *Physique*, VI, 2, 233a21 et suiv. et 4, 235a10 et suiv.

969b12. Le sens de cette réfutation dépend de celui qu'on donne à l'argument attaqué. Je pense que celui-ci ne fait pas mention explicite de la commensurabilité générale des lignes, qui n'est qu'une conséquence de l'argument, mais n'en est pas au principe (voir mon article cité *supra* à 968b5). La contradiction relevée ici serait donc entre une thèse explicite, celle de l'existence d'une mesure commune de toutes les lignes insécables (968b7-8), et une conséquence implicite, qui sera développée en 969b33 et suiv.

969b16. Transmis dans un état déplorable, l'argument qu'on va lire a fait l'objet d'un grand nombre de corrections. Je l'ai étudié en détail dans FEDERSPIEL 1981, p. 506-508. – TIMPANARO CARDINI 1970 (p. 85-86) l'a justement rapproché d'une des formes de l'argument zénonien de la *Dichotomie*, que l'on trouve en *Physique*, VIII, 8, 263a5. La mathématique refuse l'argument zénonien par la construction des figures géométriques ; par exemple, si l'on décrit un demi-cercle, l'une des pointes du compas aura parcouru une infinité d'arcs de cercles, et pourtant rien n'empêche alors de décrire l'autre demi-circonférence. L'argument doit être rapproché, me semble-t-il, du troisième postulat du Livre I des *Éléments* d'Euclide, qui s'énonce : [Ἡιτήσθω] Καὶ παντὶ κέντρῳ καὶ διαστήματι κύκλον γράφεσθαι « [Qu'il soit demandé] de

décrire un cercle avec n'importe quel centre et n'importe quel rayon. »
– Il est possible que les théorèmes dont il est ici question soient les
postulats 1 et 2 :

1. Ἠτήσθω ἀπὸ παντὸς σημείου ἐπὶ πᾶν σημεῖον εὐθεῖαν γραμμὴν
ἀγαγεῖν « Qu'il soit demandé de mener une ligne droite de n'importe
quel point jusqu'à n'importe quel point. »

2. Καὶ πεπερασμένην εὐθεῖαν κατὰ τὸ συνεχὲς ἐπ᾽ εὐθείας ἐκβαλεῖν.
« Et de prolonger continûment en ligne droite une droite limitée. »

969b31. Voir *Du ciel*, III, 1, 299a2-6, dont notre passage est directement inspiré (Aristote critique la théorie platonicienne des corps élémentaires composés de surfaces et exposée dans *Timée*, 53c) : Τοῖς
δε τοῦτον τὸν τρόπον λέγουσι καὶ πάντα τὰ σώματα συνιστᾶσιν ἐξ
ἐπιπέδων ὅσα μὲν ἄλλα συμβαίνει λέγειν ὑπεναντία τοῖς μαθήμασιν,
ἐπιπολῆς ἰδεῖν· καίτοι δίκαιον ἢ μὴ κινεῖν ἢ πιστοτέροις αὐτὰ λόγοις
κινεῖν τῶν ὑποθέσεων « Quant à celle [= la théorie de Platon, *Timée*,
53c et suiv., qui compose les corps de surfaces et les décompose en
surfaces] qu'on a vue en dernier et qui constitue tous les corps au
moyen de surfaces, un examen superficiel suffit à montrer toutes les
contradictions qu'elle présente avec les mathématiques. Or on n'a pas
le droit de renverser les mathématiques, sauf à le faire au moyen d'arguments plus dignes de foi que leurs fondements. » Aristote estime
(à tort, puisque Platon ne compose pas ses solides par empilement de
surfaces) que cette théorie aboutit à composer les surfaces au moyen
de lignes et les lignes au moyen de points. [[Voir le commentaire de
M. Federspiel à *Du ciel*, 299a5, dans le premier volume de cette série
aristotélicienne.]] – La même idée est exposée dans *Métaphysique*, N, 3,
1090b28-29 : ἐὰν μή τις βούληται κινεῖν τὰ μαθηματικὰ καὶ ποιεῖν ἰδίας
τινὰς δόξας « à moins qu'on ne veuille renverser les mathématiques et
inventer des opinions personnelles », à propos de Xénocrate, comme
ici. – Voir aussi *Du ciel*, I, 5, 271b9-11 : Οἷον εἴ τις ἐλάχιστον εἶναί τι
φαίη μέγεθος· οὗτος γὰρ τοὐλάχιστον εἰσαγαγὼν τὰ μέγιστ᾽ ἂν κινήσειε
τῶν μαθηματικῶν « Supposons, par exemple, que l'on prétende qu'il
puisse exister une grandeur inférieure à toutes les autres : l'introduction
de cette grandeur minimale ébranlerait les mathématiques dans leurs
fondements. » En *Du ciel*, I, 8, 277a9, on trouve l'expression apparen-
tée κινεῖν τὰς ὑποθέσεις « renverser les hypothèses ». – L'expression
κινεῖν τὰ μαθηματικὰ/τὰς ὑποθέσεις, est une variante technique d'un
tour plus fréquent où le verbe κινεῖν est employé au sens figuré avec
un complément d'objet ayant le sens de « loi, constitution ». On peut

aussi rapprocher l'expression rituelle κινεῖν τὰ ἀκίνητα « violer l'inviolable », qu'on trouve par exemple chez Hérodote (VI, 134) ou chez Plutarque, *Le démon de Socrate*, 585F.

969b33. Cf. la fameuse définition « optique » du droit donnée par Platon, en *Parménide*, 137e, où il est fait état d'un intermédiaire entre les extrémités : Καὶ μὴν εὐθύ γε οὗ ἂν τὸ μέσον ἀμφοῖν τοῖν ἐσχάτοιν ἐπίπροσθεν ᾖ « Le droit est ce dont le milieu fait écran aux deux extrémités ». Sur cette définition, voir l'article MUGLER 1957. – Voir aussi Aristote, *Physique*, VI, 1, 231b9, où, à propos de la définition du consécutif (ἐφεξῆς), il dit ceci : στιγμῶν δ᾿ ἀεὶ τὸ μεταξὺ γραμμή « l'intermédiaire entre les points est toujours une ligne ». Euclide, *Éléments*, I, *déf*. 3 : Γραμμῆς δὲ πέρατα σημεῖα « Les extrémités de la ligne sont des points ». Enfin, il faut considérer que, dans la définition de la ligne droite, *Éléments*, I, *déf*. 4, le mot σημεῖα ne peut pas avoir le sens classique de points, mais le sens traditionnel de repère, et donc, dans le cas d'une ligne, d'extrémité (voir mon article FEDERSPIEL 1990).

970a2. Cf. Euclide, *Éléments*, X, *déf*. 1 à 3 :
Déf. 1 : « Sont dites commensurables les grandeurs qui sont mesurées par la même mesure, et grandeurs incommensurables celles pour lesquelles il ne peut y avoir aucune mesure commune. »
Déf. 2 : « Des droites sont commensurables en carré lorsque les carrés construits sur elles sont mesurés par la même aire ; elles sont incommensurables en carré lorsqu'il est impossible qu'une aire soit une mesure commune aux carrés construits sur elles. »
Déf. 3 : « Ces fondements [sc. les définitions 1 et 2] posés, il est démontré que, pour une droite proposée, il existe une infinité de droites commensurables et incommensurables, les unes seulement en longueur, les autres aussi en carré. Que la droite proposée soit appelée *rationnelle* ; que les droites qui lui sont commensurables en longueur et en carré ou seulement en carré soient appelées *rationnelles* et que les droites qui lui sont incommensurables soient appelées *irrationnelles*. »

970a 8. Cf. Euclide, *Éléments*, I, 44, et VI, 26-29.

970a14. Dans les deux arguments qui précèdent, le réfutateur suppose que l'on peut mener une hauteur ou tracer une diagonale, ce que n'accepterait évidemment pas un partisan des lignes insécables.

970a17. Avec le formalisme moderne, on dira les choses ainsi : Soit a le côté du carré et d la diagonale ; si d-$a = a$ (I), alors $d = 2a$, d'où $d^2 = 4a^2$; or $d^2 = 2a^2$, d'où $d = a\sqrt{2}$, qui est inférieur à $2a$, d'où $(d$-$a) < a$ (II). (I) et (II) sont contradictoires.

970a21. Voir *Du ciel*, III, 1, 299b23 et suiv. Il s'agit de la reprise partielle d'un argument que j'ai examiné dans l'article intitulé « Notes sur le traité aristotélicien *Du ciel* » (FEDERSPIEL 1995). Mais la pertinence de l'argument aristotélicien a disparu, car l'auteur n'en retient que la possibilité pour des lignes ordinaires d'être mises en contact de deux manières, bout à bout ou côte à côte, alors que, selon lui, il n'y en a qu'une pour les lignes insécables. L'emprunt a donc perdu tout intérêt. – Il y a un passage parallèle, rapporté à Zénon d'Élée, dans *Métaphysique*, B, 4, 1001b11-13, sur les deux types possibles de composition des lignes et des surfaces, contrastés avec l'impossibilité de la composition des points : τὰ δὲ ἄλλα πὼς μὲν προστιθέμενα ποιήσει μεῖζον, πὼς δ' οὐθέν, οἷον ἐπίπεδον καὶ γραμμή, στιγμὴ δὲ καὶ μονὰς οὐδαμῶς « les autres objets, comme la surface et la ligne, ajoutés d'une certaine façon [c'est-à-dire placés bord à bord ou bout à bout], augmenteront la grandeur, mais ajoutés d'une autre façon [c'est-à-dire placés l'un sur l'autre], ne produiront rien ; en revanche, l'addition du point et la monade ne donnent absolument rien [ce qui signifie qu'ils ne peuvent pas se composer]. »

970a24. La propriété du continu d'être indéfiniment divisible est une des manières dont Aristote aborde la théorie du continu. Par exemple, *Physique*, I, 2, 185b10 ; III, 1, 200b20 ; VI, 1, 231b16 ; VI, 8, 239a22. Dans la littérature spécialisée, les auteurs anciens omettent souvent de mentionner la continuité lorsqu'ils disent que les grandeurs sont indéfiniment divisibles. Mais Aristote avait anticipé en définissant la grandeur par la continuité (*Métaphysique*, Δ, 13, 1020a10-13) : λέγεται δὲ πλῆθος μὲν τὸ διαιρετὸν δυνάμει εἰς μὴ συνεχῆ, μέγεθος δὲ τὸ εἰς συνεχῆ « on appelle multiplicité ce qui est divisible en puissance en parties non continues, grandeur ce qui est divisible en puissance en parties continues ».

970a26. Pour la division d'une ligne en parties égales et inégales, voir Euclide, *Éléments*, II, 5 et 9. – On pourra consulter à ce sujet mon article FEDERSPIEL 1992a. J'ai résumé cet article à la fin de mon *Introduction* au traité.

970b6. Adjonction de mon cru.

970b20. S'il n'y a rien entre deux points, ils seront confondus ; s'il y a une ligne, elle comportera plusieurs points, séparés à leur tour par des lignes, et ainsi de suite à l'infini.

970b20-971a3. Dans les manuscrits, les quatre paragraphes qui suivent apparaissent dans l'ordre 3-1-2-4. Je me suis expliqué sur l'interversion et les corrections que je propose, dans l'article cité au début de ces notes, 509-510. Voici le texte grec, après interversion et correction, des trois premiers arguments et du début du quatrième, tels que je les lis et traduis :

Ἔτι τὸ πέρας τῆς γραμμῆς γραμμὴ ἔσται, ἀλλ' οὐ στιγμή. [Πέρας μὲν γὰρ τὸ ἔσχατον, <ἔσχατον> δὲ ἡ ἄτομος.] Εἰ γὰρ στιγμή, τὸ πέρας τῇ ἀτόμῳ ἔσται στιγμή, καὶ ἔσται γραμμὴ γραμμῆς στιγμῇ μείζων. Εἰ δ' ἐνυπάρχει τῇ ἀτόμῳ ἡ στιγμή, διὰ τὸ ταὐτὸ πέρας εἶναι τῶν συνεχουσῶν γραμμῶν ἔσται τι πέρας τῆς ἀμεροῦς.

Ὅλως τε τί διοίσει στιγμὴ γραμμῆς ; οὐδὲ γὰρ ἴδιον ἕξει ἡ ἄτομος γραμμὴ παρὰ τὴν στιγμὴν πλὴν τοὔνομα.

Ἔτι οὐκ ἁπάσης ἔσται γραμμῆς τετράγωνον· ἕξει γὰρ μῆκος καὶ πλάτος, ὥστε διαιρετόν, ἐπεὶ τὸ μέν, τὸ δέ τι. Εἰ δὲ τὸ τετράγωνον, καὶ ἡ γραμμή, <καὶ εἰ ἡ γραμμὴ οὐ διαιρετή, καὶ τὸ τετράγωνον οὐ διαιρετόν>.

Ἔτι ὁμοίως μὲν εἰ ἐπίπεδον, καὶ σῶμα ἔσται ἄτομον. Ἑνὸς γὰρ ὄντος ἀδιαιρέτου καὶ τἆλλα συνακολουθήσει διὰ τὸ θάτερον διηρῆσθαι κατὰ θάτερον. Σῶμα δὲ οὐκ ἔστιν ἀδιαίρετον, κτλ.

970b23. Premier argument. *La limite d'une ligne est un point* : c'est en substance la définition euclidienne, *Éléments*, I, *déf.* 3. La fin de l'argument réexamine autrement une hypothèse déjà avancée *supra* en 970b15, d'un point intérieur à la ligne insécable ; supposition absurde, puisque ce point serait la limite commune de deux lignes (composées de lignes insécables), donc d'une ligne insécable.

970b21. Le troisième argument est certainement obscur, comme JOACHIM 1908 l'avait déjà noté. TIMPANARO CARDINI 1970, p. 93, suppose que la divisibilité du carré ne repose pas seulement sur l'existence de deux dimensions, mais sur le fait que le carré se divise en petits carrés limités par des parallèles aux côtés, ce qui implique la divisibilité de ces côtés. J'interprète autrement l'argument, en rapprochant le passage 970b30-971a3, sur le solide. Le réfutateur me paraît raisonner en ces termes : Tout le monde, et vous aussi, admet qu'il y a une solidarité entre la divisibilité ou l'indivisibilité d'un être géométrique et ceux qui ont une dimension de plus ou de moins que lui (cf. *infra* 970b31 : « si un être géométrique est indivisible, les autres se conformeront à lui, parce que l'un se divise selon l'autre »). Soit donc un carré construit sur une ligne insécable ; vous dites qu'il est par là lui aussi insécable ; mais tous les carrés possèdent longueur et largeur, donc même le carré insécable est en réalité divisible, et donc la ligne insécable sur laquelle il est construit doit être elle aussi divisible.

971a1. Le passage *Métaphysique*, Δ, 13, 1020a12-15 fait de la profondeur la dimension caractéristique du corps, puisque βάθος y est employé comme synonyme de σῶμα. On retrouve la même particularité chez Plutarque, *Propos de* table, 719D, qui emploie βάθος au sens de « solide » : ἐκ δὲ τῶν γραμμῶν ἐπιπέδοις καὶ βάθεσιν « par les surfaces et les solides engendrés à partir des lignes ». À ma connaissance, cet emploi de βάθος n'est répertorié dans aucun dictionnaire, pas même dans le *DGE* (*Diccionario griego-español*).

971a3. Reprise de *Métaphysique*, M, 2, 1076b5-6 : κατ' ἐπίπεδον γὰρ διαιρεθήσεται [sc. σῶμα], καὶ τοῦτο κατὰ γραμμήν « un corps se divise selon une surface, et une surface, suivant une ligne ». Cf. aussi *Métaphysique*, K, 2, 1060b12-16.

971a6. Que la ligne n'est pas constituée de points est un thème aristotélicien constant : cf. *Physique* (surtout L. VI), *Du ciel, Métaphysique, Génération et corruption*. J'ai donné les références dans l'*Introduction*.

971a9. Voir *supra* l'argument des lignes 970a26-33.

971a10. Voir *supra* 970b26.

971a12. Voir *supra* 970a21-23.

971a16. Voir la théorie du temps dans *Physique*, IV, 10-14.

971a19. Cf. en substance, le passage parallèle de *Métaphysique*, N, 3, 1090b5-6 : ἐκ τοῦ πέρατα εἶναι καὶ ἔσχατα τὴν στιγμὴν μὲν γραμμῆς « du fait que le point est l'extrémité et la fin de la ligne ».

971a22. Cf. le passage parallèle de *Génération et corruption*, I, 2, 316a29-34, et en particulier : Ὁμοίως δὲ κᾶν ᾗ ἐκ στιγμῶν, οὐκ ἔσται ποσόν. Ὁπότε γὰρ ἥπτοντο καὶ ἓν ἦν μέγεθος καὶ ἅμα ἦσαν, οὐδὲν ἐποίουν μεῖζον τὸ πᾶν. Διαιρεθέντος γὰρ εἰς δύο καὶ πλείω, οὐδὲν ἔλαττον οὐδὲ μεῖζον τὸ πᾶν τοῦ πρότερον, ὥστε κᾶν πᾶσαι συντεθῶσιν, οὐδὲν ποιήσουσι μέγεθος « Pareillement s'il [= le corps] est composé de points, il n'y aura pas de quantité. Car chaque fois, on l'a vu, que les points sont en contact, qu'il y a une grandeur une et que les points sont ensemble, ils ne rendent pas le tout plus grand. En effet, divisé en deux ou plusieurs parties, le tout ne devient pas plus petit ni plus grand qu'auparavant, si bien que même si tous les points sont composés, ils ne formeront aucune grandeur. »

971a23. Cette application d'une ligne à une autre ligne est la « composition en largeur (κατὰ πλάτος) » de *Du ciel*, III, 1, 299b26.

971a26. Tiré de *Physique*, VI, 1, 231b2 et suiv. Ce paragraphe est une sorte de lemme utilisé pour les arguments qui suivent.

971a27. La définition euclidienne du point (*Éléments*, I, *déf.* 1) emploie le mot μέρος « partie », mais pas l'adjectif ἀμερές « sans parties », qu'on ne trouve pas dans les textes mathématiques. En revanche, cet adjectif est fréquent dans la littérature paramathématique, par exemple dans *Physique*, VI, 1, 231a28, b3, b12, et *passim*, et particulièrement à l'époque tardive, notamment *passim* chez Sextus Empiricus, *Contre les mathématiciens*, *Contre les physiciens*, ou dans le commentaire de Proclus au Livre I des *Éléments*. Il est défini dans *Physique*, VI, 12, 240b12-13 : ἀμερὲς δὲ λέγω τὸ κατὰ ποσὸν ἀδιαίρετον « j'appelle « sans parties » ce qui est indivisible selon la quantité ».

971a30. Les thèmes traités dans ce paragraphe et les suivants s'inspirent librement des définitions de *Physique*, V, 3, 226b18 et suiv. touchant les expressions ἅμα εἶναι « être ensemble », ἅπτεσθαι « être en contact » et ἐφεξῆς εἶναι « être consécutif ». Chacun des termes est successivement attribué aux points et des conséquences absurdes en sont tirées. – Première hypothèse, les points sont *ensemble* ; *Physique*, V, 3, 226b21 : Ἅμα μὲν οὖν λέγεται ταῦτ᾽ εἶναι κατὰ τόπον ὅσα ἐν ἑνὶ τόπῳ ἐστὶ πρώτῳ « Sont dites ensemble selon le lieu les choses qui sont dans un lieu unique immédiat ». L'expression revient aussi dans *Génération et corruption*, I, 2, 316a30, où la distinction n'est d'ailleurs pas faite entre « être en contact » et « être ensemble ».

971b4. Deuxième hypothèse, les points sont *en contact* mutuel. – À la définition de *Physique*, V, 3, 226b23 : Ἅπτεσθαι δὲ ὧν τὰ ἄκρα ἅμα « Sont dites en contact les choses dont les extrémités sont ensemble », est substituée celle de *Physique*, VI, 1, 231b2 et suiv. : Ἅπτεται δ᾽ ἅπαν ἢ ὅλον ὅλου ἢ μέρος μέρους ἢ ὅλου μέρος· ἐπεὶ δ᾽ ἀμερὲς τὸ ἀδιαίρετον, ἀνάγκη ὅλον ὅλου ἅπτεσθαι « Le contact de deux points est soit du tout avec le tout, soit de la partie avec la partie, soit de la partie avec le tout ; mais puisque l'indivisible est sans parties, ce sera nécessairement du tout avec le tout » ; en effet, au début de *Physique*, VI, 1, il est justement démontré que la ligne n'est pas composée de points.

La deuxième hypothèse gouverne les trois arguments 971b4-15, 971b15-20 et 971b20-26. Dans le premier argument, le « point sur *AK* » désigne le point immédiatement consécutif à *K* sur *AK*, c'est-à-dire le point *B* ; même chose pour le « point sur *KD* », qui sera le point *C*. Pour mieux comprendre la formulation un peu contournée de cet argument, il faut se représenter d'abord le schéma suivant :

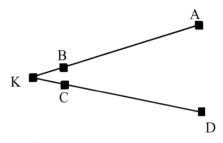

En réalité, comme le dit l'auteur, les points *K*, *B* et *C* occuperont le même lieu, puisque ce sont des indivisibles en contact mutuel. Il s'ensuit que les droites *KA* et *KD* sont confondues.

971b17. Chez les Anciens déjà, il est fréquent que l'on emploie le mot *cercle* au sens de « circonférence de cercle ».

971b18. Comme dans l'argument précédent, le « point sur la droite » et le « point sur le cercle » sont les points immédiatement consécutifs au point de contact, respectivement sur la droite et sur le cercle. Voici la figure qu'il convient de se représenter d'abord :

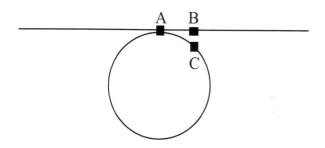

Les points *A*, *B* et *C* occuperont le même lieu, ce qui a pour conséquence que la tangente AB touchera le cercle en plusieurs points, ce qui détruit la différence entre le droit et le circulaire (troisième argument).

971b27. Troisième hypothèse, les points sont *consécutifs*. Voir *Métaphysique*, K, 12, 1068b31-1069a2. Plus brève est la définition de *Physique*, V, 3, 226b34-227a1 : Ἐφεξῆς δὲ οὗ... μηδὲν μεταξύ ἐστι τῶν ἐν ταὐτῷ γένει καὶ οὗ ἐφεξῆς ἐστιν « Est consécutif ce qui... n'est séparé de la chose qui le précède par aucun intermédiaire du même genre. ». Même chose en substance en *Physique*, VI, 1, 231a23. Le contact n'est pas nécessaire à la consécution, comme on lit dans *Physique*, V, 3, 227a6-7 : Ἐχόμενον δὲ ὃ ἂν ἐφεξῆς ὂν ἅπτηται « Contigu est ce qui, étant consécutif, est en outre en contact », et V, 3, 227a18-21 : τὸ μὲν γὰρ ἁπτόμενον ἐφεξῆς ἀνάγκη εἶναι, τὸ δ' ἐφεξῆς οὐ πᾶν ἅπτεσθαι « tout ce qui est en contact est nécessairement consécutif, mais tout ce qui est consécutif n'est pas nécessairement en contact ». – Le raisonnement est le suivant : ce qui est consécutif est en contact ou non avec la chose qui le précède ; dans le premier cas, on retombe sur les absurdités du contact ; dans le second, il faudrait changer la définition du continu, ce qui est absurde.

972a1. La dernière relation, absente de notre texte de la *Physique*, est celle de la juxtaposition, exprimée en grec par la préposition ἐπί suivie du génitif. Ou bien elle est équivalente à la précédente (sauf qu'elle ne comporte ni avant ni après), ou bien elle suppose le contact ; dans les deux cas, il en résulte une impossibilité.

972a11. L'auteur pense aux éléments feu, air, eau, terre.

971a13. Les trois paragraphes suivants relèvent la contradiction entre la théorie qui compose la ligne de points et les recherches d'Eudoxe qui excluent le point des grandeurs archimédiennes. Les grandeurs archimédiennes sont celles qui, dans l'interprétation traditionnelle, répondent à la définition Euclide, *Éléments*, V, 4. – Mais voir les doutes de Vitrac 1994, p. 135 et suiv.

972a31. Les arguments qui suivent (jusqu'à 972b25) visent l'opinion (pour nous, anonyme) qui fait du point l'élément « le plus petit ». On y trouve des considérations logico-grammaticales qui ont parfois dérouté les commentateurs modernes. L'auteur de la réfutation, qui semble pourtant connaître certains éléments au moins du Livre X des *Éléments* d'Euclide, ne se fonde pas sur la première proposition de ce Livre, qui revient à établir que, dans les grandeurs continues, il n'y a pas de grandeur minimale. Plus tard, dans sa *Lettre à Hérodote* (55-59), Épicure soutiendra l'existence de grandeurs « les plus petites ». On pourra consulter l'édition commentée d'Épicure Arrighetti 1973, p. 50-54 et p. 507-510, ou la traduction Isnardi Parente 1974, p. 157-159.

972b5. « Terme » : c'est ainsi que je traduis le mot πρόσωπα qui, chez les grammairiens grecs, désigne la « personne » du pronom et du verbe. L'emploi du superlatif relatif suppose l'existence de trois termes ; lorsqu'il n'y en a que deux, seul le comparatif (en l'espèce, le terme « plus petit ») est admis. Nous avons là une des plus anciennes notations grammaticales de l'Antiquité grecque.

972b25. Jusqu'à une époque récente, malgré les efforts de nombreux philologues, l'argument tout entier et la citation d'Empédocle insérée à la ligne 972b30 étaient restés incompréhensibles. Une solution simple a été présentée dans O'BRIEN-RASHED 2001. Elle consiste à déplacer vers son lieu naturel, c'est-à-dire en 972b26, le passage relatif à Empédocle, qu'il faut lire sous la forme διὸ καὶ Ἐμπεδοκλῆς ἐποίησε « δύο δεῖ », ὀρθῶς, et à corriger καὶ τὸ ἐν τοῖς ἀκινήτοις (972b30) en καὶ τὸ ἓν τῶν ἀκινήτων. C'est le texte ainsi amendé que j'adopte et traduis. Sur les rapports du point et de l'articulation, voir le traité d'Aristote, *Mouvement des animaux*. – Le passage relatif à Empédocle est cité dans *Vorsokratiker* (Empédocle, fr. 31 B 32 D.-K.) sous la forme forcément erronée : δύω δέει ἄρθρον (?).

BIBLIOGRAPHIE

Cette bibliographie regroupe les titres cités par Michel Federspiel respectivement dans l'*Introduction* et les Notes relatives aux deux traités *Problèmes mécaniques* et *Des lignes insécables*.

ABATTOUY 2000 : M. Abattouy, *Nutaf Min Al-Hiyal : An Arabic Partial Version of Pseudo-Aristotle's Mechanica Problemata*, Berlin 2000.

APELT 1888 : O. Apelt, *Aristotelis quae feruntur De plantis, De mirabilibus auscultationibus, Mechanica, De lineis insecabilibus, Ventorum situs et nomina, De Melisso Xenophane Gorgia*, Leipzig 1888.

APELT 1891 : O. Apelt, « Die Widersacher der Mathematik im Altertum », dans *Beiträge zur Geschichte der griechischen Philosophie* (éd. O. Apelt), Leipzig 1891, p. 253-286 (traduction des *Lignes insécables*).

ARGOUD-GUILLAUMIN 1997 : G. Argoud et J.-Y. Guillaumin, *Les Pneumatiques d'Héron d'Alexandrie*, Saint-Étienne 1997.

ARRIGHETTI 1973 : G. Arrighetti, *Epicuro. Opere*, 2ᵉ éd., Turin 1973.

ASPER 2001 : M. Asper, « Dionysios (Heron, Def. 14.3) und die Datierung Herons von Alexandria », *Hermes*, 129.1 (2001), p. 135-137.

ASPER 2007 : M. Asper, *Griechische Wissenschaftstexte*, Stuttgart 2007.

AUJAC 1975 : G. Aujac, *Géminos. Introduction aux phénomènes*, Paris 1975.

AUTHIER 1989 : M. Authier, « Archimède : le canon du savant », dans *Éléments d'histoire des sciences* (éd. M. Serres), Paris 1989, p. 101-127.

BALDI 1621 : B. Baldi, *In mechanica Aristotelis problemata exercitationes*, Mayence 1621.

BEKKER 1831a : I. Bekker, *Aristoteles Graece. Aristotelis opera*, vol. 2, Berlin 1831.

BEKKER 1831b : I. Bekker, *Aristoteles Latine interpretibus variis. Aristotelis opera*, vol. 3, Berlin 1831.

BENEDETTI 1585 : G.B. Benedetti, *Diversarum speculationum mathematicarum et physicarum Liber*, Turin 1585.

BERRYMAN 2003 : S. Berryman, « Ancient Automata and Mechanical Explanation », *Phronesis*, 48.4 (2003), p. 344-369.

BERTIER 2003a : J. Bertier, « Aristote de Stagire, Opuscules. 6. Problèmes mécaniques », dans *Dictionnaire des Philosophes Antiques* (éd. R. Goulet), Supplément I, Paris 2003, p. 491-493.

BERTIER 2003b : J. Bertier, « De lineis insecabilibus », dans *Dictionnaire des philosophes antiques* (éd. R. Goulet), Supplément I, Paris 2003, p. 493-494.

BLAIR 1999 : A. Blair, « The *Problemata* as a natural philosophical genre », dans *Natural particulars : Nature and the disciplines in Renaissance Europe* (éd. A. Grafton et N. Siraisi), Cambridge (Mass.) 1999, p. 171-204.

BOTTECCHIA DEHÒ 1977 : M.E. Bottecchia Dehò, « Per una nuova edizione dei *Mechanica* di Aristotele », *Annali della Facoltà di Lettere et Filosofia dell'Università di Padova*, 2 (1977), p. 43-53.

BOTTECCHIA DEHÒ 1982 : M.E. Bottecchia Dehò, *Aristotele. MHXANIKA. Tradizione manoscritta, testo critico, scolii*, Padoue 1982.

BOTTECCHIA DEHÒ 2000 : M.E. Bottecchia Dehò, *Aristotele. Problemi meccanici. Introduzione, testo greco, traduzione italiana, note*, Catanzaro 2000.

CAMBIANO 1998 : G. Cambiano, « Archimede meccanico e la meccanica di Archita », *Elenchos*, 19.2 (1998), p. 289-324.

CANFORA 2005 : L. Canfora, « MHXANH », dans *Machina. XI Colloquio Internazionale, Roma, 8-10 gennaio 2004* (éd. M. Veneziani), Florence 2005, p. 61-68.

CANTOR 1880 : M. Cantor, *Vorlesungen über Geschichte der Mathematik*, vol. 1, Leipzig 1880.

CAPPELLE 1812 : J.P. van Cappelle, *Aristotelis Quaestiones Mechanicae*, Amsterdam 1812.

CARRA DE VAUX-HILL-DRACHMANN 1988 : B. Carra de Vaux, *Héron d'Alexandrie. Les Mécaniques ou l'Élévateur des corps lourds*, Texte arabe de Qustâ Ibn Lûqâ établi et traduit par B. Carra de Vaux (1ère éd. 1894), Introduction par D.R. Hill, Commentaires par A.G. Drachmann, Paris 1988.

CASSON 1971 : L. Casson, *Ships and Seamanship in the Ancient World*, Princeton 1971.

CAVEING 1982 : M. Caveing, *Zénon d'Élée. Prolégomènes aux doctrines du continu*, Paris 1982.

CHERNISS 1935 : H. Cherniss, *Aristotle's Criticism of Presocratic Philosophy*, Baltimore 1935.

CLAGETT 1959 : M. Clagett, *The Science of Mechanics in the Middle Ages*, Madison 1959.

COSTABEL 1964 : P. Costabel, « La roue d'Aristote et les critiques françaises à l'argument de Galilée », *Revue d'Histoire des Sciences*, 17 (1964), p. 385-396.

CUOMO 2000 : S. Cuomo, *Pappus of Alexandria and the Mathematics of Late Antiquity*, Cambridge 2000.

CUOMO 2007 : S. Cuomo, *Technology and Culture in Greek and Roman Antiquity*, Cambridge 2007.

DAIN-BON 1967 : A. Dain et A.M. Bon, *Énée le Tacticien. Poliorcétique*, Paris 1967.

DE FALCO 1922 : V. De Falco, *[Iamblichi] Theologumena arithmeticae*, Leipzig 1922 (rééd. Stuttgart 1975 avec d'importants compléments par U. Klein).

DE GANDT 1982 : F. De Gandt, « Force et science des machines », dans *Science and Speculation, Studies in Hellenistic Theory and Practice* (éd. J. Barnes *et al.*), Cambridge 1982, p. 96-127.

DE GANDT 1986 : F. De Gandt, « Les *Mécaniques* attribuées à Aristote et le renouveau de la science des machines au XVIe s. », *Les Études philosophiques*, 3 (1986), p. 391-405.

DIELS 1882 : H. Diels, *Simplicii in Aristotelis Physicorum libros quattuor priores commentaria*, Berlin 1882.

DIELS-KRANZ 1952 (abrégé D.-K.) : *Die Fragmente der Vorsokratiker* (éd. II. Diels et W. Kranz), 6e éd., Berlin 1952.

DIJKSTERHUIS 1956 : E.J. Dijksterhuis, *Archimedes*, trad. angl. de C. Dikshoorn, Copenhague 1956.

DILLON 2003 : J. Dillon, « Atomism in the old Academy », *Proceedings of the Boston Area Colloquium in Ancient Philosophy*, 19 (2003), p. 1-17.

DORION 1995 : L.A. Dorion, *Aristote. Les réfutations sophistiques*, Paris-Laval 1995.

DRABKIN 1950 : I.E. Drabkin, « Aristotle's Wheel : Notes on the History of a Paradox », *Osiris*, 9 (1950), p. 162-198.

DRACHMANN 1963a : A.G. Drachmann, *The Mechanical Technology of Greek and Roman Antiquity*, Copenhague 1963.

DRACHMANN 1963b : A.G. Drachmann, « Fragments from Archimedes in Heron's *Mechanics* », *Centaurus*, 8 (1963), p. 91-146.

DRACHMANN 1967 : A.G. Drachmann, « Archimedes and the Science of Physics », *Centaurus*, 12 (1967), p. 1-11.

DRAKE-DRABKIN 1969 : S. Drake et I.E. Drabkin, *Mechanics in Sixteenth-Century Italy*, Madison 1969.

FEDERSPIEL 1980 : M. Federspiel, « Περὶ μαθηματικῶν οὐ μαθηματικῶς ἀναδιδάσκοντες (Examen de *De lineis insecabilibus*, 968b5-21) », *Revue de Philologie*, 54 (1980), p. 80-100.

FEDERSPIEL 1981 : M. Federspiel, « Notes exégétiques et critiques sur le traité pseudo-aristotélicien *Des lignes insécables* », *Revue des Études Grecques*, 94 (1981), p. 502-513.

FEDERSPIEL 1990 : M. Federspiel, « Sur la définition euclidienne de la droite », dans *Mathématiques et philosophie de l'Antiquité à l'âge classique* (éd. R. Rashed), Paris 1990, p. 115-130.

FEDERSPIEL 1992a : M. Federspiel, « Note sur le passage 970a26-33 du traité pseudo-aristotélicien *Des lignes insécables* », dans *Mathématiques dans l'Antiquité* (éd. J.-Y. Guillaumin), Saint-Étienne 1992, p. 43-50.

FEDERSPIEL 1992b : M. Federspiel, « Sur le mouvement des projectiles (Aristote, *Du ciel*, 288a22) », *Revue des Études Anciennes*, 94 (1992), p. 337-345.

FEDERSPIEL 1995 : M. Federspiel, « Notes sur le traité aristotélicien *Du ciel* », *Revue des Études Anciennes*, 97 (1995), p. 505-516.

FERRARI 1984 : G.A. Ferrari, « Meccanica "allargata" », dans *La scienza ellenistica* (éd. G. Giannantoni et M. Vegetti), Naples 1984, p. 225-296.

FERRARI 1985 : G.A. Ferrari, « Macchina e artificio », dans *Il sapere degli Antichi* (éd. M. Vegetti), Turin 1985, p. 163-179.

FLASHAR 1975 : H. Flashar, *Aristoteles. Problemata physica*, 2ᵉ éd., Berlin 1975.

FLASHAR 2004 : H. Flashar (éd.), *Grundriss der Geschichte der Philosophie. Die Philosophie der Antike*, vol. 3, 2ᵉ éd., Bâle 2004.

FLEURY 1990 : Ph. Fleury, « Les textes techniques de l'Antiquité. Sources, études et perspectives », *Euphrosyne*, 18 (1990), p. 359-394.

FLEURY 1993 : Ph. Fleury, *La mécanique de Vitruve*, Caen 1993.

FLEURY 1996 : Ph. Fleury, « Traités de mécanique et textes sur les machines », dans *Les littératures techniques dans l'Antiquité romaine. Statut, public et destination, tradition* (éd. Cl. Nicolet), Genève 1996, p. 45-75.

FLEURY 2002 : Ph. Fleury, « Meccanica », dans *Letteratura scientifica e tecnica di Grecia e Roma* (éd. C. Santini, I. Mastrorosa et A. Zumbo), Rome 2002, p. 263-274.

FLEURY 2005 : Ph. Fleury, « Vitruve et la mécanique romaine », dans *Geschichte der Mathematik und der Naturwissenschaften in der Antike. III : Physik/Mechanik* (éd. A. Schürmann), Stuttgart 2005, p. 184-203.

FOLLET 2000 : S. Follet, « Favorinus d'Arles », dans *Dictionnaire des philosophes antiques* (éd. R. Goulet), vol. 3, Paris 2000, p. 418-422.

FORSTER 1913 : E.S. Forster, *Mechanica. The Works of Aristotle Translated into English*, vol. 6, Oxford 1913 (texte d'O. Apelt, Leipzig 1888), rééd. dans *The Complete Works of Aristotle. The Revised Oxford Translation* (éd. J. Barnes), vol. 2, Princeton 1984.

FOULCHÉ-DELBOSC 1898 : P. Foulché-Delbosc, « *Mechanica* de Aristotiles », *Revue hispanique*, 5 (1898), p. 365-405 (traduction en castillan de 1545 par Diego Hurtado de Mendoza éditée par P. Foulché-Delbosc).

FRANCIOSI 1979-1980 : F. Franciosi, « Über die Stelle Ps. Aristoteles *De lineis insecabilibus* 968b4-21 », *Bollettino dell'Istituto di Filologia Greca dell'Università di Padova*, 5 (1979-1980), p. 102-120.

FRANCO REPELLINI 1993 : F. Franco Repellini, « Matematica, astronomia e meccanica », dans *La produzione e la circolazione del testo. Lo spazio letterario della Grecia antica* (éd. G. Cambiano, L. Canfora et D. Lanza), vol 1.2, Rome 1993, p. 305-343.

FRIEDLEIN 1873 : G. Friedlein, *Procli Diadochi In primum Elementorum librum commentarii*, Leipzig 1873.

GAISER 1963 : K. Gaiser, *Platon's ungeschriebene Lehre*, Stuttgart 1963.

GALILÉE 1638 : G. Galilée, *Discorsi e dimostrazioni matematiche, intorno a due nuove scienze attenenti alla mecanica e i movimenti locali*, Leyde 1638.

GALILÉE 1649 : G. Galilée, *Della Scienza Meccanica, e della utilità che si traggono dagl'instrumenti di quella ; opera del Signor Galileo Galilei, con un frammento sopra al forza delle percossa*, Ravenne 1649.

GERCKE 1895 : A. Gercke, « Aristoteles », *RE* II 1, 1895, col. 1012-1054.

GIARDINA 2003 : G.R. Giardina, « Héron d'Alexandrie », dans *Dictionnaire des Philosophes Antiques* (éd. R. Goulet), Supplément I, Paris 2003, p. 87-103.

GILLE 1980 : B. Gille, *Les mécaniciens grecs. La naissance de la technologie*, Paris 1980.

GOHLKE 1957 : P. Gohlke, *Aristoteles. Kleine Schriften zur Physik und Metaphysik*, Paderborn 1957.

GOULET 1994 : R. Goulet, « Anatolius », dans *Dictionnaire des Philosophes Antiques* (éd. R. Goulet), vol. 1, Paris 1994, p. 179-183.

GUEVARA 1627 : G. di Guevara, *In Aristotelis Mechanicas Commentarii*, Rome 1627.

GUILLAUMIN 1995 : J.-Y Guillaumin, *Boèce. Institution arithmétique*, Paris 1995.

GUILLAUMIN 2002 : J.-Y. Guillaumin, « Pneumatica », dans *Letteratura scientifica e tecnica di Grecia e Roma* (éd. C. Santini, I. Mastrorosa et A. Zumbo), Rome 2002, p. 413-423.

GUILLAUMIN 2005 : J.-Y. Guillaumin, « Sur une liste de sept composantes de la physique ou de la philosophie dans le corpus isidorien », *Voces*, 16 (2005), p. 97-109.

HADOT 1984 : I. Hadot, *Arts libéraux et philosophie dans la pensée antique*, Paris 1984, 2ᵉ éd., Paris 2005.

HARLFINGER 1971 : D. Harlfinger, *Die Textgeschichte der pseudo-aristotelischen Schrift* Περὶ ἀτόμων γραμμῶν. *Ein kodikologisch-kulturgeschichtlicher Beitrag zur Klärung der Überlieferungsverhältnisse im Corpus Aristotelicum*, Amsterdam 1971.

HAYDUCK 1874 : M. Hayduck, « De Aristotelis qui fertur περὶ ἀτόμων γραμμῶν libello », *Neue Jahrbücher für Philologie und Pädagogik*, 109 (1874), p. 161-171.

HEATH 1921 : Th.L. Heath, *A History of Greek Mathematics*, vol. 1, Oxford 1921.

HEATH 1949 : Th.L. Heath, *Mathematics in Aristotle*, Oxford 1949.

HEIBERG 1879 : J.L. Heiberg, *Quaestiones Archimedeae*, Copenhague 1879.

HEIBERG 1894 : J.L. Heiberg, *Simplicii in Aristotelis De caelo commentaria*, Berlin 1894.

HEIBERG 1904 : J.L. Heiberg, « Mathematisches zu Aristoteles », *Abhandlungen zur Geschichte der mathematischen Wissenschaften*, 18 (1904), p. 1-49.

HEIBERG 1912 : J.L. Heiberg, *Heronis Alexandrini opera quae supersunt omnia*, vol. 4, *Heronis Definitiones cum variis collectionibus*, Leipzig 1912.

HEIBERG-STAMATIS 1977 : J.L. Heiberg et E.S. Stamatis, *Euclides Elementa. Prolegomena critica, Libri XIV-XV, Scholia in Libros I-V*, vol 5.1, Leipzig 1977.

HEIDEL 1906 : W.A. Heidel, « The ΔINH in Anaximenes and Anaximander », *Classical Philology*, 1 (1906), p. 279-282.

HEINZE 1892 : R. Heinze, *Xenokrates. Darstellung der Lehre und Sammlung der Fragmente*, Leipzig 1892.

HETT 1936 : W.S. Hett, *Aristotle. Minor Works*, Londres 1936.

HILL 1984 : D. Hill, *A History of Engineering in Classical and Medieval Times*, Londres-Sydney 1984.

HILLER 1878 : E. Hiller, *Theonis Smyrnaei Expositio rerum mathematicarum ad legendum Platonem utilium*, Leipzig 1878.

HIRSCH 1953 : W. Hirsch, *Der pseudo-aristotelische Traktat De lineis insecabilibus*, Heidelberg 1953.

HUFFMAN 2005 : C.A. Huffman, *Archytas of Tarentum. Pythagorean, Philosopher and Mathematician King*, Cambridge 2005.

HULTSCH 1878 : F. Hultsch, *Pappi Alexandrini Collectionis quae supersunt*, vol. 3, Berlin 1878.

HUMPHREY-OLESON-SHERWOOD 1998 : J.W. Humphrey, J.P. Oleson et A.N. Sherwood, *Greek and Roman Technology. A Sourcebook : Annotated Translations of Greek and Latin Texts and Documents*, Londres 1998.

IDELER 1841-1842 : J.L. Ideler, *Physici et Medici Graeci minores*, 2 vol., Berlin 1841-1842.

IERACI BIO 1995 : A.M. Ieraci Bio, « L'erotapokrisis nella letteratura medica », dans *Esegesi, parafrasi e compilazione in età tardoantica* (éd. C. Moreschini), Naples 1995, p. 186-207.

IRBY MASSIE-KEYSER 2002 : G.L. Irby Massie et P.T. Keyser, *Greek Science of the Hellenistic Era*, Londres-New York 2002.

ISNARDI PARENTE 1974 : M. Isnardi Parente, *Opere di Epicuro*, Turin 1974.

ISNARDI PARENTE 1980 : M. Isnardi Parente, *Speusippo. Frammenti*, Naples 1980.

ISNARDI PARENTE 1982 : M. Isnardi Parente, *Senocrate. Ermodoro. Frammenti*, Naples 1982.

JAEGER 1957 : W. Jaeger, *Aristotelis Metaphysica*, Oxford 1957.

JAEGER 2008 : M. Jaeger, *Archimedes and the Roman Imagination*, Ann Arbor 2008.

JAOUICHE 1976 : K. Jaouiche, *Le livre du Qarastûn de Thâbit ibn Qurra*, Leyde 1976.

JOACHIM 1908 : H.H. Joachim, *De lineis insecabilibus, The Works of Aristotle, Translated into English*, vol. 2, Oxford 1908, rééd. dans *The Complete Works of Aristotle. The Revised Oxford Translation* (éd. J. Barnes), vol. 2, Princeton 1984.

KIENAST 2005 : H.J. Kienast, « Die Wasserleitung des Eupalinos », dans *Geschichte der Mathematik und der Naturwissenschaften in der Antike. III : Physik/Mechanik* (éd. A. Schürmann), Stuttgart 2005, p. 145-163.

KEYSER 1988 : P. Keyser, « Suetonius, *Nero* 41.2 and the Date of Heron Mechanicus of Alexandria », *Classical Philology*, 83 (1988), p. 218-220.

KNORR 1982 : W. Knorr, *Ancient Sources of the Medieval Tradition of Mechanics. Ancient Sources of the Medieval Tradition of Mechanics*, Florence 1982.

KRAFFT 1967 : F. Krafft, « Die Anfänge einer theoretischen Mechanik und die Wandlung ihrer Stellung zur Wissenschaft von der Natur », dans *Beiträge zur Methode der Wissenschaftsgeschichte* (éd. W. Baron), Wiesbaden 1967, p. 12-33.

KRAFFT 1970 : F. Krafft, *Dynamische und statische Betrachtungsweise in der antiken Mechanik*, Wiesbaden 1970.

KRÄMER 1971 : H.J. Krämer, *Platonismus und hellenistische Philosophie*, Berlin-New York 1971.

LAIRD 1986 : W.R. Laird, « The Scope of Renaissance Mechanics », *Osiris*, 2 (1986), p. 43-62.

LANDELS 1978 : J.G. Landels, *Engineering in the Ancient World*, Londres 1978.

LONGO 2003 : O. Longo, *Saperi antichi. Teoria ed esperienza nella scienza dei Greci*, Venise 2003.

LOUIS 1991 : P. Louis, *Aristote. Problèmes. Sections I à X*, Paris 1991.

LOUIS 1993 : P. Louis, *Aristote. Problèmes. Sections XI à XXVII*, Paris 1993.

LOUIS 1994 : P. Louis, *Aristote. Problèmes. Sections XXVIII à XXXVII*, Paris 1994.

MANUWALD 1985 : B. Manuwald, « Die Wurftheorien im *Corpus Aristotelicum* », dans *Aristoteles, Werk und Wirkung* (éd. J. Wiesner), vol. 1, Berlin 1985, p. 151-167.

MARSDEN 1969 : E.W. Marsden, *Greek and Roman Artillery. Historical Development*, Oxford 1969.

MARSDEN 1971 : E.W. Marsden, *Greek and Roman Artillery. Technical Treatises*, Oxford 1971.

MEISSNER 1999 : B. Meissner, *Die technologische Fachliteratur der Antike*, Berlin 1999.

MEISSNER 2005 : B. Meissner, « Die mechanische Wissenschaft und ihre Anwendungen in der Antike », dans *Geschichte der Mathematik und der Naturwissenschaften in der Antike. III : Physik/Mechanik* (éd. A. Schürmann), Stuttgart 2005, p. 129-144.

MERLAN 1953 : Ph. Merlan, *From Platonism to Neoplatonism*, La Haye 1953.

MERSENNE 1634 : M. Mersenne, *Les Mécaniques de Galilée*, Paris 1634.

MICHELI 1995 : G. Micheli, *Le origine del concetto di macchina*, Florence 1995.

MONANTHEUIL 1599 : H. Monantheuil, *Aristotelis Mechanica, Graeca, emendata, Latina facta et commentariis illustrata ab Henrico Monantholio*, Paris 1599.

MONTUCLA 1799 : J.F. Montucla, *Histoire des mathématiques*, 2ᵉ éd. augmentée, Paris 1799 (1ᵉʳᵉ éd., Paris 1758).

MUGLER 1957 : Ch. Mugler, « Sur l'histoire de quelques définitions de la géométrie grecque et les rapports entre la géométrie et l'optique, *L'Antiquité Classique*, 26 (1957), p. 331-345.

MUGLER 1959 : Ch. Mugler, *Dictionnaire historique de la terminologie géométrique des Grecs*, Paris 1959.

MUGLER 1971 : Ch. Mugler, *Archimède*, vol. 2, *Des Spirales. De l'équilibre des figures planes, L'Arénaire, La quadrature de la parabole*, Paris 1971.

MUGLER 1972 : Ch. Mugler, *Archimède*, vol. 4, *Commentaires d'Eutocius et fragments*, Paris 1972.

NIX-SCHMIDT 1900 : L. Nix et W. Schmidt, *Herons von Alexandria Mechanik und Katoptrik. Heronis Alexandrini opera quae supersunt omnia*, vol. 2, Leipzig 1900.

NOBIS 1966 : H.M. Nobis, « Die Wissenschaftshistorische Bedeutung der peripatetischen "Quaestiones Mechanicae" als Anlass für die Frage nach ihrem Verfasser », *Maia*, 18 (1966), p. 265-276.

O'BRIEN-RASHED 2001 : D. O'Brien et M. Rashed, « Empédocle, Fragment 32 Diels (Pseudo-Aristote, "De lineis insecabilibus", 972b29-31) », *Revue des Études Grecques*, 114 (2001), p. 349-358.

OLESON 2007 : J.P. Oleson (éd.) *The Oxford Handbook of Engineering and Technology in the Classical World*, Oxford 2007.

ORTIZ GARCIA 2000 : P. Ortiz García, *Aristóteles. Sobre las líneas indivisibles, Mecánica. Euclides. Óptica, Catóptrica, Fenómenos*, Madrid 2000.

PISTELLI 1894 : H. Pistelli, *Iamblichi In Nicomachi arithmeticam introductionem Liber*, Leipzig 1894.

PIZZANI 2002 : U. Pizzani, « *Quadrivio* », dans *Letteratura scientifica e tecnica di Grecia e Roma* (éd. C. Santini, I. Mastrorosa et A. Zumbo), Rome 2002, p. 445-554.

POSELGER 1832 : F.T. Poselger, « Über Aristoteles Mechanische Probleme », *Abhandlungen der königlichen Akademie der Wissenschaften zu Berlin aus dem Jahre 1829. Mathematische Klasse*, 1832, p. 57-92.

PRESAS I PUIG-VAQUÉ JORDI 2006 : A. Presas i Puig et J. Vaqué Jordi, *Aristótil. Questions mecàniques*, Barcelone 2006

PUECH 1922 : A. Puech, *Pindare. Pythiques*, vol. 2, Paris 1922.

ROBIN 1908 : L. Robin, *La théorie platonicienne des Idées et des Nombres d'après Aristote*, Paris 1908.

ROSE 1854 : V. Rose, *De Aristotelis librorum ordine et auctoritate commentatio*, Berlin 1854.

ROSE-DRAKE 1971 : P.L. Rose, S. Drake, « The Pseudo-Aristotelian *Questions of Mechanics* in Renaissance Culture », *Studies in the Renaissance*, 18 (1971), p. 65-104.

ROSS 1958 : W.D. Ross, *Aristotelis Topica et Sophistici Elenchi*, Oxford 1958.

ROTA 1552 : J.M. Rota, *Aristotelis liber de lineis insecabilibus etc. Septimum volumen Aristotelis Stagiritae extra ordinem naturalium varii libri : quibus nonnulli additi sunt Aristoteli ascripti : Alexandri problematum libri II*, Venise 1552.

ROUGÉ 1975 : J. Rougé, *La marine dans l'Antiquité*, Paris 1975.

SCHMIDT 1899 : W. Schmidt, *Heronis Alexandrini opera quae supersunt omnia*, vol. 1, *Pneumatica et Automata*, Leipzig 1899.

SCHMIDT 1900 : W. Schmidt, *Heronis Alexandrini opera quae supersunt omnia*, vol. 2, *Mechanica et Catoptrica*, Leipzig 1900.

SCHNEIDER 1989 : H. Schneider, *Das griechische Technikverständnis. Von den Epen Homers bis zu den Anfängen der technologischen Fachliteratur*, Darmstadt 1989.

SCHNEIDER 1992 : H. Schneider, *Einführung in die antike Technikgeschichte*, Darmstadt 1992.

SCHNEIDER 1979 : I. Schneider, *Archimedes : Ingenieur, Naturwissenschaftler und Mathematiker*, Darmstadt 1979.

SCHNEIDER 1912 : R. Schneider, *Griechische Poliorketiker*, vol. 1, Berlin 1912.

SCHÖNE 1903 : H. Schöne, *Rationes Dimetiendi et Commentatio dioptrica, Heronis Alexandrini opera quae supersunt omnia*, vol. 3, Leipzig 1903.

SCHRAMM 1957 : M. Schramm, « Zur Schrift über die unteilbaren Linien aus dem Corpus Aristotelicum », *Classica et Mediaevalia*, 18 (1957), p. 36-58.

SCHÜRMANN 1991 : A. Schürmann, *Griechische Mechanik und antike Gesellschaft. Studien zur staatlichen Förderung einer technischen Wissenschaft*, Stuttgart 1991.

SCHÜRMANN 1997 : A. Schürmann, « Kann man die Natur nachahmen, indem man ihr zuwider handelt ? Zur Bedeutung des aristotelischen παρὰ φύσιν für die Definition der Technik », *Antike Naturwissenschaft und ihre Rezeption*, 7 (1997), p. 51-66.

SIMMS 1995 : D.L. Simms, « Archimedes the Engineer », dans *History of Technology*, vol. 17 (éd. G. Holister-Short et F.A.J.L. James), Londres 1995, p. 45-111.

SIMMS 2005 : D.L. Simms : « Archimedes the *Mêchanikos* », dans *Geschichte der Mathematik und der Naturwissenschaften in der Antike. III : Physik/Mechanik* (éd. A. Schürmann), Stuttgart 2005, p. 164-183.

SPRAGUE DE CAMP 1960 : L. Sprague De Camp, *The Ancient Engineers*, New York 1960 (trad. allemande : *Die Ingenieure der Antike*, Düsseldorf-Vienne 1964).

TANNERY 1915 : P. Tannery, « Sur les *Problèmes mécaniques* attribués à Aristote », dans *Mémoires Scientifiques*, vol. 3, Paris 1915, p. 32-36.

TARÁN 1981 : L. Tarán, *Speusippus of Athens*, Leyde 1981.

TIMPANARO CARDINI 1962 : M. Timpanaro Cardini, *Pitagorici. Testimonianze e Frammenti*, vol. 2, Florence 1962.

TIMPANARO CARDINI 1970 : M. Timpanaro Cardini, *Pseudo-Aristotele. De lineis insecabilibus*, Milan-Varese 1970.

TODD 2000 : R.B. Todd, « Géminos » dans *Dictionnaire des Philosophes Antiques* (éd. R. Goulet), vol. 3, Paris 2000, p. 472-477.

TORR 1894 : C. Torr, *Ancient Ships*, 1ère éd., Cambridge 1894, rééd. augmentée, Chicago 1964.

TYBJERG 2003 : K. Tybjerg, « Wonder-making and Philosophical Wonder in Hero of Alexandria », *Studies in History and Philosophy of Science*, 34 (2003), p. 443-466.

TYBJERG 2005 : K. Tybjerg, « Hero of Alexandria's Mechanical Treatises : Between Theory and Practice », dans *Geschichte der Mathematik und der Naturwissenschaften in der Antike. III : Physik/Mechanik* (éd. A. Schürmann), Stuttgart 2005, p. 204-226.

VER EECKE 1921 : P. Ver Eecke, *Les œuvres complètes d'Archimède*, 2e éd., Paris 1921.

VER EECKE 1933 : P. Ver Eecke, « La mécanique des Grecs d'après Pappus d'Alexandrie », *Scientia*, 54 (1933), p. 114-121.

VITRAC 1990 : B. Vitrac, *Euclide d'Alexandrie. Les Éléments*, vol. 1, Paris 1990 (Introduction générale par M. Caveing).

VITRAC 1994 : B. Vitrac, *Euclide d'Alexandrie. Les Éléments*, vol. 2, Paris 1994.

VITRAC 2005 : B. Vitrac, « Les classifications des sciences mathématiques en Grèce ancienne », *Archives de philosophie*, 68 (2005), p. 269-301.

WAHLGREN 1995 : S. Wahlgren, *Sprachwandel im Griechisch der frühen römischen Kaiserzeit*, Göteborg 1995.

WEHRLI 1969 : F. Wehrli, *Straton von Lampsakos*, 2ᵉ éd., Bâle 1969 (1ᵉʳᵉ éd., Bâle 1950).

WHITEHEAD-BLYTH 2004 : D. Whitehead et P.H. Blyth, *Athenaeus Mechanicus. On Machines*, Stuttgart 2004.

BIBLIOGRAPHIE COMPLÉMENTAIRE

Les titres indiqués ici complètent la bibliographie de Michel Federspiel pour les publications postérieures à 2010. (M. D.-F.)

Problèmes mécaniques

Il faut ajouter désormais à la liste des éditions et traductions utilisées par M. Federspiel la traduction italienne annotée du texte des *Mécaniques* de Maria Fernanda Ferrini *([Aristotele] Meccanica*, Milan 2010) et l'étude de la transmission du texte et des figures de Joyce van Leeuwen, *The Aristotelian Mechanics. Text and diagrams* (Boston Studies in the Philosophy and History of Science, 316), Cham-Heidelberg-New York-Londres-Dordrecht 2016.

Des lignes insécables

L'édition de M. Isnardi Parente des fragments de Xénocrate (1982) a fait l'objet d'une nouvelle édition, révisée par T. Dorandi (*Senocrate e Ermodoro. Testimonianze e frammenti*, Pise 2012).

Le traité a également fait l'objet d'une thèse de doctorat soutenue en 2014 : Cédric Hugonnet, *Édition, traduction, commentaire du traité des* Lignes insécables *du Pseudo-Aristote*, thèse sous la direction de Didier Pralon, Université d'Aix-Marseille.

INDEX NOMINUM ET RERUM

Cet index renvoie au texte des traités présentés dans ce volume (p. 71-130) : c'est un index exhaustif des noms propres cités et un index sélectif des notions et des *realia* figurant dans les deux ouvrages. (M. D.-F.)

TABLE DES MATIÈRES

Composition et mise en pages
Nord Compo à Villeneuve-d'Ascq

Ce volume,
le soixante-dix-huitième
de la collection « La Roue à Livres »
publié aux Éditions Les Belles Lettres,
a été achevé d'imprimer
en février 2017
par La Manufacture imprimeur
52200 Langres, France

N° d'éditeur : 8490
N° d'imprimeur : 170158
Dépôt légal : mars 2017
Imprimé en France